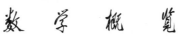

Panorama of Mathematics

数 学 概 览　26

U0150567

基本粒子：
数学、物理学和哲学

— I. Yu. Kobzarev　Yu. I. Manin　著

— 金威　译

中国教育出版传媒集团

高等教育出版社·北京

图字：01-2018-5723 号

图书在版编目（CIP）数据

基本粒子：数学、物理学和哲学 / （俄罗斯）I. Yu. 科布扎列夫，（俄罗斯）Yu. I. 曼宁著；金威译. -- 北京：高等教育出版社，2024.1

书名原文：Elementary Particles: Mathematics, Physics and Philosophy

ISBN 978-7-04-061186-1

I. ①基… II. ①I… ②Y… ③金… III. ①粒子物理学-研究 IV. ① O572.2

中国国家版本馆 CIP 数据核字 (2023) 第 179626 号

JIBEN LIZI: SHUXUE WULIXUE HE ZHEXUE

策划编辑	李华英	责任编辑	李华英	封面设计	姜 磊	版式设计 徐艳妮
责任绘图	杨伟露	责任校对	窦丽娜	责任印制	刁 毅	

出版发行	高等教育出版社	网　　址	http://www.hep.edu.cn
社　　址	北京市西城区德外大街 4 号		http://www.hep.com.cn
邮政编码	100120	网上订购	http://www.hepmall.com.cn
印　　刷	北京市鑫霸印务有限公司		http://www.hepmall.com
开　　本	787mm×1092mm 1/16		http://www.hepmall.cn
印　　张	12		
字　　数	210 千字	版　　次	2024 年 1 月第 1 版
购书热线	010-58581118	印　　次	2024 年 1 月第 1 次印刷
咨询电话	400-810-0598	定　　价	69.00 元

本书如有缺页、倒页、脱页等质量问题，请到所购图书销售部门联系调换
版权所有　侵权必究
物　料　号　61186-00

序言

揭开能量、物质和时空本质的梦幻面纱是人类梦寐以求的目标。基本粒子的标准模型是我们向这一目标迈出的一大步。随着 2012 年希格斯玻色子的发现，标准模型经受住了物理实验的检验，成为人类科学史上的一个里程碑。

"不管你的理论多漂亮，也不管你多聪明，如果理论与实验不符，那么理论就是错的。"费曼的这一观点应该是检验物理理论的唯一标准。中微子质量的发现和 W 玻色子质量的最新数据都意味着：距离对标准模型进行修正不会太远了。与牛顿力学一样，标准模型也不会永远正确，而会被更精准的科学理论发展所包括。而且，标准模型中也不包括引力，所以它并非涵盖全部物理。当然它更未涉及暗物质和暗能量。

本书源于 1982 年夏秋，数学家、理论物理学家、实验物理学家以及哲学家围绕标准模型的讨论。所涉及的话题和问题犹如昨日。四十多年过去了，基本粒子的标准模型的框架基本没有变化，其数学严格化也无本质进展。

作为一个物理理论，标准模型是经物理实验检验过的最好的能量物质模型。但作为一个科学理论，它距离科学理论的典范 —— 牛顿力学还有很大差距。标准模型既不在数学上严格，也不简单。牛顿力学是物理和数学的完美结合体，但微积分的严格数学化也经历了一个漫长的过程，所以标准模型的数学描述至今仍是一个谜，这并不奇怪。"大道至简至易"，未来肯定会有许多革命性的进展。

标准模型的物理理论框架是量子场论。与 20 世纪 80 年代的观点有所不同的是量子场论的地位：在 80 年代，量子场论被认为是基本理论，但现在很多人把它看成低能有效理论。量子场论在凝聚态物理中的成功应用也证实了这一点。

　　金威博士精心翻译的中译本会让更多的人接触、了解和参与科学中这个重要话题。本书最精彩的是第一章。数学家、理论物理学家、实验物理学家以及哲学家进行了海阔天空的讨论，展现出科学的真谛：物理学中没有永恒的真理，需要不断的质疑和讨论来推动科学发展。第二章则对量子场论做了专业化的介绍。第三章的注释中包含了大量文献和历史知识，非常珍贵。科学的发展需要传播，相信本书的中译本会为科学在中国的传播做出自己的贡献。

王正汉

2023 年 1 月

前言

本书源于科学讨论，这也决定了书的结构。

第一章采用了苏格拉底式对话的形式。参加者有一位"数学家"(MATH)、两位物理学家（"理论物理学家"(PHYS) 和"实验物理学家"(EXP)) 以及一位"哲学家"(PHIL)。然而，尽管两位作者中一位是理论物理学家，另一位是数学家，但读者不应认为他们的思想被分割到相应的对话者中。在讨论中，我们设法传达出这个话题的内在张力和开放性。对话者的态度更多地反映了在该情况下的可能评价，而不是作者的实际观点。

此外，对话所涉及的"基本粒子"的主题已延续了 $(2 \sim 3) \times 10^3$ 年的时间，并占据了 $10^{6 \pm 1}$ 页科学文献的空间。因此，其完整概述遥不可及。但每位研究者当然会构建他自己的科学史，并看到其中的要点。我们试图给出一些此类图景。

因此书中"数学家"(MATH) 和"理论物理学家"(PHYS) 对基本粒子历史的讨论，并不是展现该领域物理学史的一次尝试。

我们的正文部分既不给出原始文献的完整列表，也不宣称能拆开复杂的文献线团。这些文献的篇幅各不相同，重要性也各异，而历史学者则试图凭借它们来阐释事实上科学发现是怎样获得的。

对话中 PHYS 的观点，综合了专业理论工作者关于基本粒子理论如何成为今日面貌的看法。他提到一些论文，或是因为他曾在某些时候读过这些对他而言比较重要的文章；或是因为大家都引用这些文章；或是因为他们之前学过的教科书中提及了它们。MATH 在心理上有点接近柏拉图主义，而数学家和大

部分理论物理学家 (包括晚年的爱因斯坦 (Einstein) 和海森伯 (Heisenberg))
都认同这种观点。MATH 通过专业训练获得了对"形式实在性"的明确和精
细的眼光,这赋予他的话语一种标准的底色;他会希望基本粒子是如此这般,
这样便会有一套很好地被形式化的理论。EXP 和 PHIL 则主要提供必要的
回应。

每节对话的注释提供了详细的参考资料和引文。

本书下半部分"基本粒子理论的结构"应由 MATH 写成。这是他独立
辛勤工作的成果,他努力收集并写下目前所看到的最重要、最牢固的事实和
想法。它可以让我们放心去依靠。不幸的是,从这个基础出发,我们哪儿也
去不了。科学上和理论物理上的研究在预印本里生存着,这些预印本占满了
MATH 常去的图书馆阅览室的桌面;这些预印本里没有任何一种数学上的秩
序,而这些预印本的作者们则对已牢固建立起来的一切毫无兴趣。

本书大致完成于 1982 年,此时发现了 $W^{\pm}$ 和 Z^0 介子。这些发现出色地
证明了量子场范式适用于 100 GeV 能标,即相当于 10^{-16} cm 尺度。在此后
五年内,仍未出现让我们质疑现有范式的实验事实,就像他们在会议上所说
的,"标准模型的样子棒极了"。我们对此的理解是否有所改变?其中有一点
毋庸置疑:格点量子场论的发展将量子场在时空中涨落的虚拟现实带到我们
面前。因而长久以来将量子场表现为弱耦合谐振子的必要性——它是微扰理
论基石的一部分——不复存在;我们学会了在这些狭窄的极限之外"看到"
量子场。

对粒子物理学家而言,最重要的奖赏莫过于做出实验物理学家未曾看到
的、对更深层次实在的正确猜测。许多未来的计划,例如仿色模型 (techni-
colour,一种对下一层次光谱学存在的猜想),即"更小的"和更紧密关联着的
粒子,所谓"先子"(preon) 和诸如此类的,完全处于已有想法的框架之中,无
论是在理论范式上甚或在技术方案上。你可以找到关于这个计划的思路,例
如在格林伯格 (O.W. Greenberg)《新的结构层次》("A new level of structure",
Phys. Today, Sept. 1985, Vol.39, No.9, 22–30) 一文中。

突破量子场论范式的最具决定性的尝试是 10 维或 26 维空间中的弦论。
这可追溯到舍克 (Scherk) 和施瓦兹在 1974 年的工作和下述假说:我们观察
到的 3+1 维时空是普朗克长度 (10^{-33} cm) 下额外维度紧致化的结果。想了
解该理论的现状,可以参考书籍:《超弦理论》("Superstring theory"),2 卷
本,格林 (M.B. Green)、施瓦兹 (J.H. Schwarz)、威腾 (E. Witten) 著,剑桥
大学出版社 1987 年出版。

　　超越量子场论极限的理论的兴起，主要包含在如下思想中：最基本的客体不是点粒子，而是一维的客体，即弦。同时，这令人惊异的有趣和多面的数学物理分支尚未和实验建立联系。有人提议，对话中涉及的超引力理论可作为施瓦兹–格林弦论的近似。而这可以保证不会发生我们的"理论物理学家"十分担心的发散情况。为给读者提供量子弦想法的更多细节，我们将作者之一撰写的文章《弦》("Strings") 加入附录，此文原载于 1987 年的《数学情报》(Math. Intelligencer) 期刊。

　　这一整套复杂的思想是否足够疯狂，可以引领真实物理学的切实进展？在现在——1987 年——仍然未知。

　　然而，很多理论工作者相信我们已为理解客观世界的更深层次的突破做好了准备。其意义可与 20 世纪前四分之一中相对论和量子论的创建相比拟。

1982 年 6 月—1987 年 12 月

目录

第一章 对话

参加者: MATH——数学家

               PHYS——理论物理学家

               EXP——实验物理学家

               PHIL——哲学家

时间: 1982 年夏季至秋季

1.1 对话 1

PHIL: 近年来我阅读了不少关于物理学各方面进展的报告. 一些新理论已涌现出来, 比如格拉肖–温伯格–萨拉姆 (Glashow-Weinberg-Salam) 的电弱相互作用理论, 以及强相互作用理论. 最近我读了一篇萨拉姆写的文章 [1]: 我的理解是, 他断定物理学家现在快要实现 "爱因斯坦之梦" 了; 我指的是描述 "整个自然界"(all of nature) 的大统一的几何理论. (对 MATH) 最近我阅读了你复印的霍金 (Hawking) 撰写的卢卡斯讲座 (*Lucas Lecture*) 讲稿 [2]. 他在其中表达了这样一种希望: 完备的理论已经被探索出来, 剩下的事情只是去求出它的解; 因此结局已很近了. 情况是否如此? 而这种理论又属于哪类?

PHYS: 总的来说, 您所谈到的大部分都对. 实际上, 关于电弱相互作用的理论和关于强相互作用的理论已经建立起来. 前者的正确性毋庸置疑, 至少所有物理学家都这么认为 [3]; 而在我看来, 强相互作用理论, 也就是所谓量子色动力学 (quantum chromodynamics, 缩写为 QCD) , 也是正确的. 但首先让我们谈谈唯象理论; 换句话说, 这些理论涉及哪些尺度的现象? 顺便提一句, 这个问题也有历史性的一面; 毕竟, 相信最终理论触手可及可不是头一回了.

MATH: 我的理解是, 在一定程度上可以用寥寥几种 "基本粒子" 来描述周围所谓 "我们身边" 的大自然 —— 包括太阳 —— 如何运转. 只要用 u(上夸克)、d(下夸克)、e(电子)、ν(中微子)、$W^{\pm}$ 和 Z_0 玻色子、γ(光子) 和它们之间的相互作用即可. 而想要产生下面两代夸克和轻子则需要继续在加速器上努力工作. 它们也许对早期宇宙的进化比较重要, 但对现在则并不重要.

PHIL: 是的, 我在某处读过: 第三代的两种夸克之一仍未被发现.

MATH: 是的. 像往常一样, 理论工作者说它们太重了. 但对此, 我们大概能看清前面的道路. 不管怎样, 我设想, 如果我们能处理一个更短的清单: 上夸克、下夸克、电子、中微子、光子, 那么在此之前也本能应该处理以下清单: 质子、中子、电子、中微子、光子; 而在 20 世纪 30 年代的时候, 我们也曾似乎知道一切.

PHIL: 非凡的猜想. 但 PHYS 怎么看?

PHYS: 要我说, 如果我们想以前后一致的方式思考, 就仍然需要知道各种相互作用从何处得到. 你提到的 $W^{\pm}$ 和 Z_0 玻色子在现代理论中是必要的; 它们是弱相互作用的传递者. 而传递强相互作用则需要胶子. 不过这三十年来, 量子场论还没有渗入所有物理学家的意识, 因此你说的或许是对的.

MATH: 我之前核对过这个猜想; 它几乎已被证实了.

PHYS: 您是怎样核对的?

MATH: 我做了个试验. 我走进 "物理研究所" 的图书馆, 找到 "基本粒子" 区域, 并开始搜索. 我找到了一本杰出的著作《电子 (+ 和 −)、质子、光子、中子、介子和宇宙射线》("Electrons (+ and −), protons, photons, neutrons, mesotrons and cosmic rays")[4], 作者是密立根 (Millikan). 他确信德谟克利特 (Democritus) 的庞大计划最终完成了, 而 "真正" 的原子也已被发现. 看起来密立根认为, 它们显然就是我刚才所列的那些粒子. 因为某些缘故, 他未提到中微子, 虽然这本书出版于 1935 年, 而当时费米 (Fermi) 在 β 衰变方面的工作已经存在了.

PHYS: 你用的是哪个版本?

MATH: 目前在我手里的是 1935 年版; 似乎也有更晚的版本, 但我对在 1935 年时汤川秀树 (Yukawa) 之前的情况感兴趣.

PHYS: 最可能的情况是, 密立根并不认为中微子的存在性已被证明. 在

1935 年他已经不再是个年轻后生, 而已成为职业的实验物理学家. 去研究一下 β 衰变的理论, 然后仔细思考这个理论是否有说服力, 对他而言并不是自然的事情; 而且当时尚无直接证据证明中微子存在.

MATH: 我觉得, 去认真考虑一下什么是 "直接证据" 是很有趣的——仅仅对质子、中子、电子、中微子的情形而言.

PHYS: 还有什么事情比这更简单吗? 实验工作者如果 "看见", 某个粒子在 "穿过"(其他粒子) 或在 "飞出去" 的同时, 还有什么东西 "产生出来", 例如中微子或胶子, 通常就会认为得到了 "直接证据". "胶子喷注" (gluons jet) 出现了, 而他就开始谈论胶子的 "发现".

MATH: 相当简单! 但为什么, 例如, 发现电子用了那么长的时间, 而实际上发现它的又是谁呢? 我只是搞不明白这件事.

PHYS: 噢, 当然, 我们省去了一些事情没说. 不管是电子还是胶子, 事情的发展通常并不是从物理学家 "看到" 一个新粒子开始, 尽管这种情况也会发生. 在不少情况下, 我们可以从间接证据出发提出猜想; 就像在柯南·道尔 (Conan Doyle) 的小说里, 侦探在与罪犯见面之前就知道他的很多事情了. 19 世纪, 物理学发展缓慢, 电子在被命名之前就已被讨论过, 而且大家在见到电子之前就已给它命名了.

PHIL: 我们如何讨论一种没有被命名过的事物?

MATH: 您当然非常清楚——使用描述性的词语. 这里有一个密立根举的例子——引自德国物理学家韦伯 (Weber) , 1871 年 [5].

PHIL: 我一直认为行星原子模型是卢瑟福 (Rutherford) 提出的.

PHYS: 卢瑟福之前有人没有讨论过行星原子模型吗? 卢瑟福贡献的新颖之处在于: 他用实验证据证明, 原子内的正电荷集中在非常小的区域.

PHIL: 那么证明在哪里?

PHYS: 在于卢瑟福推导出的原子核对 α 粒子散射的公式和测量结果的一致性 [6].

PHIL: 那么, 毫无疑问, 卢瑟福的文章应该从下面一番话开始: "我成功地得到了直接证据, 证明之前的行星原子模型假说正确. 这个模型可参见, 例如, 某某的著作……"

PHYS: 文章大概不是这样开头的. 无论如何, 当时的关于参考文献的伦理 ("then ethics") 或许不需要任何这类东西.

MATH: 您的意思是?

PHYS: 大概是这么回事: 如果 Y 引用了 X 的著作, 就我对当时的文章的了解来看, 意思是 "我用到了 X 的研究工作", 甚至是 "我发展了 X 的研究工作". 这种敬意, 大体而言, 并不是那么容易给予. 相反, 如果某篇参考文献未被引用, 则意味着 "我研究中采用的方法或证明方式"——即 "基本内容"——"与 X 的研究工作无关, ⋯⋯"

MATH: 如果确实如此, 那么科学史家的工作将变得困难得多——如果他们希望了解哪些工作, 或者更一般地, 哪种影响——为例如卢瑟福, 铺平了道路.

PHYS: 对, 但卢瑟福写文章并不是为了减轻史学家们生涯中的痛苦. 让我们回到电子上来吧. (对 MATH) 我很清晰地回想起了电子早期的历史, 就像密立根叙述的那样.

MATH: 那是什么样的?

PHYS: 首先有若干种电流体 (electric fluids); 比如, 富兰克林认为一种符号的电与 "有重量的物质" 有关, 而另一种符号的电则与 "没有重量的物质" 有关.① 另一个选择则是关于两种流体 e 和 e' 的理论, 它源自密立根的书中以下有点含糊的话: "此时的物理学家, 以西莫 (Symmer) 在 1759 年为首, 倾向于认为物质在中立状态并不显示电学性质, 是因为其中包含等量的两种没有重量的流体, 它们分别称为正电和负电."[7]

据我理解, 之后电流体理论的命运就和原子理论的命运连在一起了. 在 19 世纪上半叶, 原子理论取得了巨大进展. 这些工作由当时的人开始, 他们事实上同时是物理学家和化学家; 当时物理学家和化学家的职业显然联系紧密 [8]. 可以读一读, 比如说, 法拉第 (Faraday) 的 《蜡烛的故事》 ("The history of the candle"): 在书中他以纯粹化学家的角色出现: 他讨论了各种物质 (纯净物和混合物) 和它们所发生的诸如氧化之类的各种变化.

PHIL: 也许大物理学家仅仅是想聊聊化学. 毕竟, 《蜡烛的故事》 是面向大众的讲座.

PHYS: 不是的. 法拉第的有些著作现在可以归类为化学书 [9]. 盖-吕萨克 (Gay-Lussac) 也有类似的兴趣; 而拉瓦锡 (Lavoisier) 和拉普拉斯 (Laplace) 测量了材料的热容 [10]. 我们应该意识到科学这个系统一直在不断重新组织: 在 19 世纪初, 存在着未分化的 "物质科学", 它包含了物理学和化学的要素. 而后化学分离出来. 利比希 (Liebig) 这样的人物是纯粹意义上的化学家. 我认为要点在于, 在 19 世纪, 化学是关于 "物质" 的基本学科, 而直到 19 世纪末在一定程度上仍然如此. 所以居里夫人 (M. Curie) 和卢瑟福获得 (诺贝尔) 化

---

① 译者注: 此处似乎有误. 富兰克林认为电荷是一种没有重量的流体.

学奖绝非偶然; 这当然不仅是因为他们的著作中包含了很多化学内容 [11]. 无疑, 化学家们逐渐把原子看作他们所关注的事. 如果谁想要谈谈 19 世纪 "物质科学" 的中心问题, 他一定会认为这是 —— 原子重量的问题. 1860 年在德国卡尔斯鲁厄举行的第一次国际性化学会议中, 最终形成了对元素原子重量的共识, 虽然它们, 当然, 只是相对原子量 [12]. 当时, 人们首次得到了每克分子 (gram-molecule) 中所含的原子数目, 这是气体动理论的一个成果. 在此背景下韦伯的行星模型 (1871 年) 和斯通尼 (Stoney) 的文章 (1874 年) 就很自然了.

PHIL: 斯通尼做了什么?

MATH: 斯通尼首先接受了为得到一克单化合价原子, 必须通过电解质溶液的电荷量. 然后他把这个电荷量除以每克原子中的原子个数, 而这个数量当时已经差不多知道了 [13].

PHIL: 他得到的电子电荷数值是多少?

MATH: 在厘米 – 克 – 秒单位制下为 0.3×10^{-10}, 差不多比现代的测量值 4.8×10^{-10} 低一个数量级. 当时阿伏伽德罗 (Avogadro) 常数并未广为人知.

PHIL: 我读过他的文章, 并不认为他讨论过粒子.

PHYS: 这大概不是偶然的. 麦克斯韦 (Maxwell) 在 1873 年的《电磁通论》("Tractatus") 中表达过以下的希望: 在真正的电学理论中, 分子电荷 (molecular charge) 的概念理应消失 [14].

PHIL: 也许是这样. 但电子这种粒子难道不是需要被发现的吗? 也就是说, 作为一种粒子被观察到?

PHYS: 当然.

MATH: 实际上是谁做了这件事? 我从密立根那里没发现, 所以回溯到冯·劳厄 (von Laue) 的著作 [15]. 我从中读到, 普吕克 (Plücker) 发现了阴极射线, 之后若干研究者建立了如下结论: 阴极射线由带电粒子构成. "在威廉·克鲁克斯 (William Crooks) 1879 年精妙实验的影响下, 阴极射线是由带电粒子构成的假说, 牢固地建立起来, 尽管海因里希·赫兹 (Heinrich Hertz) 在 1883 年实验 (这些实验由于技巧不恰当而不够精确) 的基础上仍然想要把它看成纵波, ……"

PHIL: 什么东西是纵波?

PHYS: 从菲涅尔 (Fresnel) 时期开始, 人们就 "熟知" 光是由以太中的横波构成; 人们对没有纵波感到惊讶. 但赫兹认为阴极射线是纵波.

PHIL: 这怎么可能呢? 如果很多人已经证实阴极射线是带电的.

PHYS: 噢, 看看冯·劳厄是怎么写的. 里面说: 早期的实验说服力不足, 而这个问题已被佩林 (Perrin) 在 1895 年和汤姆孙 (Thomson) 在 1897 年解决了.

PHIL: 然后呢?

PHYS: 嗯, 根据冯·劳厄的书, "从 1897 年开始, 若干研究者, 包括维恩 (Wien) 和汤姆孙, 以及菲兹杰拉德 (George Francis FitzGerald, 1851—1901) 和维歇特 (Emil Wiechert, 1861—1928) , 证明了阴极射线中质量和电荷的比例①差不多是氢原子相应比例的两千分之一. 这和赫兹的观念形成了决定性的对比, 所以他们总结道, 构成阳极射线流的粒子是经典的带电原子或分子, 而与之相对的、构成阴极射线流的粒子则是带负电荷的 '原子', 换句话说, 是电子".

PHIL: 上述这些研究者是相互独立的吗 [16]?

PHYS: 维歇特在汤姆孙之前发表了他的结果. 而汤姆孙看起来是与维歇特独立的.

PHIL: 我读过一本科普著作 [17], 作者十分肯定电子是汤姆孙发现的. 这是因为什么?

PHYS: 这肯定是因为科普书籍和教科书作者倾向于简化历史. 很多科学史家认为, "发现" 一词一般而言不应被科学史家使用 [18].

MATH: 我们可以从冯·劳厄的著作中找到进展的另一条线索. 他有点奇怪地——而且搞错了年表——写道, "在 1896 年末, 洛伦兹 (Lorentz) 关于塞曼 (Zeeman) 效应的理论给出了相同的质量和电荷的比例, 此后在四十年的努力下, 电子的存在性终于被稳固地建立起来……" 这是怎么回事?

PHYS: 实际上, 关于电子理论的历史, 有一条更久远的线索, 与洛伦兹、拉莫尔 (Larmor) , 当然也有其他人, 有关 [19]. 洛伦兹在 19 世纪 70 年代开始研究电磁现象的理论, 并引入了点电荷 (这正是麦克斯韦所要避免的) 和真空中作用在这些粒子上的电磁场. 他认为这和韦伯的观点是部分相反的. 他认为电荷——他将其称为 "离子"——是在原子内被弹性力束缚着 (即看成振子). 这使他能够发展色散理论. 当塞曼 [20] 发现在磁场中谱线的分裂时, 洛伦兹对此给出了解释, 同时确定了电子荷质比. 实际上塞曼效应比从洛伦兹理论得到的结果更复杂, 但电子荷质比的数量级是正确的. 汤姆孙已在 1897 年知道了这一点.

PHIL: 在我看来你和 MATH 把事情搞复杂了; 毕竟委员会给汤姆孙授奖

① 译者注: 即荷质比的倒数.

是因为他发现了电子.

PHYS: 不是因为这件事; 而是因为他对气体放电的研究.

MATH: 这不太重要. 显然下面的断言是正确的: 在 19 世纪末, 人们确证了原子中的带电粒子造成了光辐射, 而阴极射线中的粒子完全是同一种, 而且它比较轻: 氢离子的荷质比是这种粒子荷质比的 1/2000. [1]

PHYS: 实际上如果 "塞曼粒子" 和阴极射线中的粒子带有的电荷很小, 它的荷质比应该更大. 而汤姆孙考虑了这个问题. 无论如何, 在那个年代, 当然, 阿伏伽德罗常数已经众所周知, 根据斯通尼所说, 这使发现基本电荷成为可能; 而且在任何自然的前提下, 这个 (基本电荷) 的确是在原子和阴极射线中的粒子的电荷, 而其质量 m 很小. 而这就是人们怎么处理它的. 在 20 世纪初人们达成了共识: 原子中存在电子. 1904 年, 庞加莱 (Poincaré) 在他著名的讲座中说道: "我们知道辐射的谱线源于电子运动. 这已被塞曼现象证实: 在辐射体中振荡的 '某个东西' 感觉到了磁铁的影响, 因而它带有电荷."[21]

MATH: 在本质上, 这个观点有些奇怪. 我们刚才的讨论说明了重点不在于 "振荡的什么东西" 带有电荷, 而在于阴极射线和原子中的荷质比相同. 而且辐射出电磁波的粒子一定带电; 只要光的电磁理论正确, 这件事情就很清楚.

PHYS: 你说得完全正确, 但在共识建立起来后, 它的真正起源往往不被很好地理解. 到 1904 年为止, 电子已在各种不同的场合被确认: 在放射性物质发射出的 β 射线里、在光电效应中.

MATH: 如果那样的话, —— 我们已经讨论过密立根的著作 —— 他的实验有什么价值?

PHYS: 其价值在于直接测量出电子电荷的大小. 人们在霍尔顿 (Holton) 的书 [22] 中得到这种印象 —— 他研究了密立根的实验记录 —— 在本质上, 密立根如此相信这个答案, 以至于他拒绝了和所预期的电荷数值不同的测量结果.

MATH: "所预期的" 是什么意思?

PHYS: 当时阿伏伽德罗常数已经广为人知 [23].

MATH: 那么 "现实" 是什么?

PHYS: 测量不应该那么去做. 密立根是幸运的; 如果他事先知道的 "答案" 是错误的, 那么他将做出错误的工作. 这种事情经常发生.

MATH: 所以埃伦哈夫特 (Ehrenhaft) 错误地相信了实验结果?

---

① 译者注: 此处似乎有误.

PHYS: 对, 差不多是这样. 看起来当时的密立根 – 埃伦哈夫特的方法不可能测量出电子电荷.

MATH: 难道我们不应该说我们看到的关于现实的图景取决于我们的先入之见吗? 密立根相信存在电子, 于是他看到了它们, 而埃伦哈夫特不相信存在电子, 而是相信马赫 (Mach), 于是他没发现它们.

PHYS: 实验物理学家发表的工作还不能作为决定性的证据. 当然, 他或她的任何 "思想上的倾向" 取决于他或她有多么相信实验结果. 与在法庭上类似, 真相是通过比较各个证人的证据而查明的.

MATH: 但法庭的判决一定符合最后的真相吗?

PHYS: 物理学家所掌握的知识, 即关于数字和方程的知识, 最终是被技术所证明的. 一件新仪器设计出来, 而它工作的方式正如所计算的那样: 例如, 对原子核常数的知识使我们能够计算即将开始运行的核反应堆中的原子核位置, 而这就是事情发生的方式. 坐在茶桌边讨论时, "真实的知识" 是个很复杂的难题, 但当它变成在运行着的 (或者未能成功运行的) 真实系统的问题时, 每件事情即使不变得更简单些, 也至少会变得更具体些. 如果反应堆不工作, 人们就需要知道原因. 这是实际发生的事, 而原因也已经被找出来了.

PHIL: 但这种事情可能发生吗? 像密立根一样, 因为个人的偏见而使得反应堆无法工作?

PHYS: 有各种类似事件. 当德国开始研究核弹和核反应堆时, 著名物理学家博特 (Bothe) 测量了碳原子对中子的吸收截面; 他得到的数值有错; 它太大了. 因此德国人认为碳不能作为阻滞剂, 而必须使用重水 D_2O. 重水在挪威制造, 而英国的反抗者成功减缓了重水对核计划—— 德国人称之为 "病毒房子"(Virus house) 的供给. 结果甚至在战争结束时, 他们也没能造出反应堆. 如果不是因为博特, 德国人可能会更早发现钚元素, 而二战历史可能会改写.

PHIL: 钚怎样和此事联系起来, 而后来又怎样为人所知呢?

PHYS: 钚在反应堆中产生, 而和铀 235 一样可以作为原子弹的材料. 德国核计划的历史在欧文 (Irving) [①]的《病毒房子》("Virus house", William Kimber 出版社, 伦敦, 1967 年) 一书中有记载; 博特的错误写在章节 "致命的错误" 中.

MATH: 顺便一提, 测量电子电荷的故事并没有如我们所说的那样结束; 密立根在书中描述了他后来的测量结果. 他改进了设备, 得到电子电荷 $e =$

---

① 译者注: 原文误写为 Irwing.

4.770esu(静电单位), 而现在测出的电子电荷数值为 (4.803242 ± 14) esu.[①]

PHIL: esu 是什么, 而这里的 ±14 又是指什么呢?

PHYS: ±14 是高斯分布的标准差; 而 esu 是一种已经不再使用的单位.

PHIL: 密立根后来又做了什么?

MATH: 他测量液滴时用到了斯托克斯定律 (Stokes's law), 根据这个定律, 作用在液滴上的黏滞曳力值等于 $6\pi a\eta$, 其中 a 是液滴半径, 而 η 为黏滞度.

PHYS: 实际上, 密立根对斯托克斯定律做了小修正, 使其适用于比较小的液滴半径 a.

MATH: 他们怎样得到了 4.77 而不是 4.80?

PHYS: 嗯, 我在某处听说过 (或读到过) 密立根把黏滞度 η 的测量装置交给了同事, 而同事错误地测量了 η. 尽管如此, 因为密立根是个杰出的实验物理学家, 最终他通过恰当地调整 η 的值而正确地处理了数据, 然后得到了电子电荷 e 的正确数值.

MATH: 之后是怎么发现这个错误的?

PHYS: 看起来是因为有人用新的方法——即用 X 射线 (衍射) 分析晶体结构——测量了阿伏伽德罗常数 N. X 射线的波长由衍射晶格测量, 而新的 N 值给出了 $e = 4.80$ esu. 最有趣的是, 在密立根之后、直到晶体学革命之前, 一些人用电流噪声和电流涨落的联系 (这是电子电荷 e 的离散性的结果) 测量了电子电荷 e, 但仍然得到了 $e = 4.77$.

PHIL: 他们是怎样做到这一点的?

PHYS: 当实验工作者开始工作时, 总会出现系统误差, 只有天知道这是为什么; 他会寻找这些误差, 直到他和之前的权威达成了一致, 在此之后他就不再寻找系统误差, 而开始收集统计数据了. 这类误差会遇到一次又一次.

PHIL: 我们能相信你的数据吗? 你谈到它们很多次了.

PHYS: 对文章中的数据要非常谨慎. 但 "粒子性质" 这类表格中的数据显然非常可靠 [24]. 这些数据的稳定性可从《基本常数和量子电动力学》("The fundamental constants and quantum electrodynamics", B. N. Taylor, W. H. Parker 和 D. N. Langenberg 著, Academic 出版社, 纽约 – 伦敦, 1969 年) 中看出. 例如, 显然的是, 根据 $1/\alpha$ 的曲线图, 这个数字超出了误差范围.

MATH: 看起来, 物理学或多或少地类似于哲学, 是一个开放的议题——如果用翁贝托·埃可 (Umberto Eco) 的话来讲.

---

① 译者注: 这两个数字均应乘以 10^{-10}.

PHYS: 同意; 不是在与哲学完全一样的意义上, 但是在某些程度上的确如此. 科学是由人类创造出来的, 而人类离绝对完美还有很长距离.

1.2　对话 2

MATH: 今天让我们从基本粒子的概念开始. 如今, 对理论家来说, 最自然的做法似乎是将其定义为某种量子或者特定的场, 但这是在维尔纳德斯基 (Vernadskii) 所谓 "形式现实" (formal reality) 框架中的定义 [1]: 关于现实的一系列思想被特定时期的科学所接受. 但是, 如你所知, 这不是全部; 思想一直在变化, 但电子们和光子们在某种意义上 "总是存在"; 它们对已发生的变化而言是不变的.

PHYS: 在我看来, 维尔纳德斯基的 "形式现实" 与库恩 (Kuhn) 的 "范式" 几乎相同 (PHYS 乐于成为找到正确词语的人). 现代基础物理学的范式是量子场论(QFT), 我们将在后面详细讨论.

PHIL: 您在某种不寻常的意义上使用了 "范式" (paradigm) 这个词. 在我看来, 这是一个语言学术语①. 你有词典吗?

MATH: (从书架上取下书)

PHIL: (阅读 "范式" 的定义)[2]

MATH: 自库恩以来, 历史学家和物理学家在不同的意义上使用过这个词语.

PHYS: 显然, 引入这个概念的时机已经成熟, 人们需要一个词语, 而 "范式" 这个词现在已被接受, 或者说看起来如此.

MATH: 词语不是这里的重点; 不妨就用 "范式" 吧. 但是, 当范式发生变化时, 物理对象又会发生什么? 不要忘记, 我们都不认为量子场论会是最后一个范式; 它会改变, 但电子、光子和夸克最终会变成什么?

PHYS: 我在这里没看出什么问题. 当然, 电子不断从一个范式转向另一个范式; 但这只意味着我们认识到其行为的新的方面. 想象一个学生 X, 他在讲座、考试和研讨会上看到教授 Y; 他会不断了解教授的讲课风格、参加考试、讨论科学问题, 甚至在某种程度上解决了这些问题. 这是 "教授" 范式中的 Y, 拥有符号式的扩展: "严格"、"清晰" (或不清晰) 的讲课风格, 复杂问题的巧妙解决者 (或者相反地——非原创的思想家), 等等. 然后他在网球场遇到了 Y, 并且更多地了解了 Y 作为网球运动员的一面. 现在范式改变了; X

---

① 译者注: paradigm 一词在语言学中指 "聚合体".

开始得知 Y 的许多新属性. 电子的情况也类似. 从理论家的观点看, 电子从洛伦兹电动力学的框架开始, 过上羽翼丰满的范式生活. 电子首先得到电荷、质量, 它还是电场和磁场的源, 并与 "洛伦兹力" 的作用有关. 可以说, 这就是朗道 (Landau) 和利夫希兹 (Lifschitz) 书 [3] 中的电子. 它已经能够做到很多事情, 比如在外场中移动和产生辐射. 到了第 3 卷《量子力学》(Quantum mechanics) 中, 它则已获得了某些新功能, 而忘记了其他功能. (非相对论力学在第 3 卷中讲述.) 现在, 它不能以接近光速的速度运动. 相反, 它现在有了自旋, 并不总是辐射, 但能够衍射. 到第 4 卷中量子电动力学 (QED) 出现之时, 它又一次能够完成它在第 2 卷中可以做的所有事情和另外几件事情, 特别是与正电子发生相互湮灭.

MATH: 您说第 3 卷中的电子 "不能以与光速相同数量级的速度运动", 但事实上并非如此. 它可以这样运动, 但无法做得正确. 您得出了错误的能量值 $E = mv^2/2$, 而实际上能量应该是 $E = mc^2(1 - v^2/c^2)^{-1/2}$.

PHYS: 当然, 虽然严格来说, 这与量子力学无关. 但我们知道当速度 $v \to c$ 时, 不能使用非相对论性的动力学. 我在这里看不出任何问题. 所有的物理理论都是近似的. 无论如何, 我们可以从第 2 卷直接转到第 4 卷; 毕竟, 相对论性量子理论包含了非相对论性的版本.

MATH: 但同样地, 理论家如果不知道相对论给出的限制, 就会高兴地预测电子可以以 $2c$ 的速度移动, 并且其能量为 $2mc^2$. 而这并不正确.

PHYS: 我们事先并不知道我们理论的适用范围; 其适用范围会由之后更一般的理论或实验来确定. 这并不太可怕, 而且情况向来如此. 例如, 我会想象, 在处理特定情况下与意识相关的现象时, 生物系统中的电子不会被朗道和利夫希兹所阐述的理论所描述; 如果是这种情况, 那么包含对意识现象的描述的理论将给量子场论适用性以新的、目前未知的限制 (不言而喻的, 量子场论已经包括了所有比它更早的理论).

MATH: 在我看来, 大多数物理学家认为: 大脑在某种程度上像计算机一样, 甚至完全可以用经典语言来描述, 更不用说用量子语言了.

PHYS: 这里 [4] 有不同的意见, 并且可以肯定的是, 我们无法通过历数各种观点来提出正确的猜测. 如果我们回到电子的例子, 那么在我看来, 在从旧范式到新范式的过渡中没有发生任何不好的事情.

MATH: 如果你没有考虑到它已经失去了 "实体性" (substantiality) 的事实; 它现在可以在湮灭后消失. 量子电动力学中的电子不再是 "物" (thing), 而是 "场的量子"; 它可以产生和消失. 从本质上讲, 除了计算截面的形式规则和对实验者的指导以外, 我们对它一无所知.

PHYS: 是的, 这显然是一种独特的体验. 我们通过在自然语言框架内构建的范式来描述我们在生活中遇到的人; 但我们可以使我们在讲座中看到的这个人比 "教授" 范式更加丰富; 他有一种我们用感官所感知到的物质性的存在. 但对电子而言, 这完全不一样; 我们得用我们的 "符号概括" 的语言去描述. 有一种痛苦的感觉: 我们实际上几乎一无所知. 索末菲 (Sommerfeld) 在其著名的书 [5] 中抱怨这一点: "就电子本身而言, 我们几乎无法对它说出正确的话." 有趣的是, 他同样想要 "画出电子", 而且他画出了一个点, 从中发出了力线. 人们应该更加惊讶的是, 虽然我们对 "电子本身" 所知甚少, 但仍然可以对由电子和原子核构成的物体说出很多事情来.

MATH: 但无论量子电动力学中的电子是什么, 它都不会是 "物".

PHYS: 当然, 电子不是像桌子、椅子或石头这种意义上的 "物". 一块岩石比一个人的存在时间更长. 我们可以重返山中, 见到四十年前就已看见过的石块. 所有这一切都与可见宇宙中的重子过剩有关: 我们周围没有任何物质可以让质子湮灭.

PHIL: 对电子也类似; 但出于某种原因, 物理学家们现在一直在讨论质子而不是电子.

MATH: 这是因为他们现在认为质子可以衰变, 比如, 按照反应式 $P \to e^+ + \pi_0$. 这样情况就不那么好了; 一切都在消失, 虽然并不是很迅速.

PHIL: 怎么会这样?

MATH: 质子需要不时地重新产生.

PHYS: 让我们暂时忘记粒子的产生. 毕竟, 湮灭式 $e^+ + e^- \to 2\gamma$ 本身已经指出了这样一个事实, 即基本粒子不具备普通物体所享有的连续存在性; 我们必须使自己与之相协调. 总的来说, 光子有被产生和湮灭的倾向.

PHIL: 为什么在这些破坏和产生的过程中, 电子总是相同的?

PHYS: 从某种意义上说, 我们不理解这一点, 而只能去描述它. 在任何情况下, 这个事实都嵌入在量子场论的基础中. 电子总是相同的, 因为量子场论的方程不会改变, 而量子力学当然会确保量子的电荷和质量总是相同的. 这些量由方程式中的常数定义.

PHIL: 这些常数不能改变吗? 例如, 难道它们不会随着时间变化吗?

MATH: 某些常数现在已经改变了. 例如, 根据电弱相互作用的统一理论 (QFD), 现在电子的质量实际上是与某些外场相互作用的结果. 而在某些条件下, 这个外场可能会消失, 那么电子就会变得没有质量 [6].

PHIL: 这个外场来自哪里, 换句话说, 它的源是什么?

MATH: 问一下 PHYS.

PHYS: 根据假设, 它不需要由某个来源产生, 而是独立地存在; 当宇宙最初冷却之时, 它就已出现.

PHIL: 我从未听说过这种类型的场.

MATH: 它们最近才被想到. 理论家们已经对描述它们的方程式做出了很大改动.

PHYS: 我认为答案本质上仍然是正确的. 一些常数因此而不复存在, 但随后, 新的常数浮现出来.

MATH: 我想我们对统一理论有更多的说法; 在我看来, 即使在量子场论的框架内, 一切也都不清楚. 如果基本对象如此地 "被范式所束缚着", 那么它们在多大程度上 "存在着"? 此外, 我们已经得出结论, 这些对象不是 "物".

PHYS: 我认为, 19 世纪的物理学的基本成就之一, 可以说是它教会了我们, 可以这么说, "守恒" 并不一定要预先假定存在着什么 "东西" (thing). 与 17 和 18 世纪的科学家一样, 古代原子理论采取了完全相同的观点 [7]. 一旦你有了某种守恒量, 就会去寻找相应的 "实体" (matter). 即使是热量, 当时也被看作实体. 当人们意识到守恒的东西并不一定是实体, 也可以是运动中某个量的积分, 比如能量时, 最伟大的革命就发生了. 似乎是逐渐地, 一切守恒量都成为某种运动过程中的积分. 当两个电子碰撞时, 它们各自的个体性因二者不可分辨而消失, 但其总电荷总是等于 $2e$. 当它们分离时, 它们重新形成单独的电荷 e、e. 在一块微观尺度下的铁片中, 电子的所有集体性质以及它们的总电荷仍然保留着, 但每个电子的个体性则丧失了.

MATH: 但是如果在量子场论里, 电子和光子只是在某些语句中才出现的术语, 而在最后, 问题则归于实验预测, 那么这些概念和对象是否会随着范式的下一次变化而消失呢? 例如, 以太已经消失了! 可以肯定的是, 有各种各样的东西都消失了, 比如燃素、磁流体 (magnetic fluid) 等等.

PHYS: 当然, 在任何理论的早期阶段, 都存在着终将消失的假设的要素. 但是, 在某种意义上, 已经发展了的理论是对事实的直接描述, 当然, 这里没有任何改变. 顺便说一下, 维尔纳德斯基对此进行了很好的解释. 他写道, "形式现实" 的某些领域在达到一定程度的真理后就不再发生变化 [8].

MATH: 然后这些事情反复发生. 广义相对论证明牛顿力学是无效的; 没有超距的相互作用, 也没有力. 存在的则是黎曼式的时空, 以及行星与其他物体所在的测地线.

PHYS: 有人已经表达了这类观点, 但我认为他们过于天真了. 在弱引力场中, 人们可以先进行第一个近似, 引入行星的守恒动量; 在下一个近似中, 动量是可变的; 动量的变化取决于太阳和其他行星的位置; 而这就是力. 依此类推. 在广义相对论的框架内, 通过某种程度的近似, 你可以恢复牛顿力学. 但是之前的基本概念现在则已降级; 它们已成为次要构件而非主要构件.

MATH: 所有的物理理论都是唯象的. 原始概念仅仅意味着, 在特定的发展阶段, 它们不能更加简化. 因此, 您必须始终期望着, 我们使用的所有概念迟早会失去其原始状态.

PHIL: 你是否对生活太过悲观了? 许多物理学家希望能创造出一种确定的理论.

PHYS: 总的来说, 这类希望永远不会实现. 尽管如此, 我们在这里显然在考虑唯象理论, 或者猜测 (conjecture).

MATH: 但是, 一旦假定一个假设因素, 怎样可以保证某个理论已经达到了唯象理论的尊贵地位, 而不包含任何猜测?

PHYS: 我们不知道, 但我们必须采取行动; 从某种意义上说, 这里没有什么一定之规, 但对每个研究人员而言, 各自存在着从所有对他可用的事实中得出结论的可能性; 而科学界则存在一些集体的共识. 并且, 没有什么是绝对可靠的. 实际上, 曾经所有的物理学家都相信以太, 但他们错了. 并且不要忘记, 即使是最谨慎的人也会谈到 "一个几乎被证明的猜想"[9]. 牛顿通过处理相对较少的现象, 对天体力学中引力的有效性做出了他的结论——他并没有犯错. 如今, 当人造宇宙卫星沿着计算出的轨迹运动并成功降落在火星和金星上的时候, 我们几乎不会去怀疑牛顿时空中的引力场——在一定的近似意义上——可以精确地作为现实世界的图像, 其精确程度就像地图上的大陆一样.

MATH: 当然所有这一切都是正确的, 但即使在此处, 争论也会不时出现, 例如 "惯性力的现实性".

PHYS: 这些争论完全是欺骗性的, 因为在自然语言中, 你可以 "理解" 实际上在给定理论中毫无意义的句子. 牛顿力学在惯性参考系中确实有效, 因为在这种情况下没有惯性力. 在非惯性参考系中, 可以通过添加 "惯性力" 来保留牛顿第二定律. 如果我们希望保留加速度的等式, 它们就在非惯性系中 "存在". 正确的表述应该是这样: "如果我们想要牛顿的第二个方程在非惯性系中保持其形式, 那么我们必须在方程的右边, 在通常的力以外, 再添加一个称为 '惯性力' 的特定项."

MATH: 但是你知道, 在广义相对论中, 正确地说, 引力也是一种惯性力.

PHYS: 在广义相对论中, 这个词的含义是不同的. 那里惯性参考系就是固着在自由落体上的参考系.

MATH: 但如果存在性取决于所使用的语义, 那么电子、质子和夸克是否会消失呢?

PHYS: 我不这么认为. 但无论如何, 在各种情况下, 我们可以像在日常语言中谈论普通物体那样, 谈论电子和质子. 而我很怀疑我们会拒绝这样做. 正确地说, 如果我们从电子开始, 那么物理学家在第一个理论范式产生之前很久, 就谈到过带电粒子.

MATH: 那么夸克又如何呢?

PHYS: 从某种意义上讲, 我们几乎可以 "看到" 它们. 如果我们以几十 GeV 的能量以大角度散射电子或中微子, 我们就有了比夸克和质子之间的距离更好的分辨率, 就像在显微镜中一样.

PHIL: 那么什么是可见的?

PHYS: 其点中心 (point center) 散射出的波.

PHIL: 什么东西的波?

PHYS: 让我们假定, 是被散射的电子的德布罗意 (de Broglie) 波.

PHIL: 那你为什么说你能看到夸克?

PHYS: 那么, 我们观察到了位于散射点中心处的东西.

PHIL: 但你看见的是散射波, 而不是夸克.

PHYS: 好吧! 我也没看到你, 而只看见了你散射出的光.

1.3　对话 3

PHIL: 在我们的第一次讨论中, 我们在没有范式的情况下以某种方式相处得非常好. 我们是怎么做到的?

PHYS: 我们可以这么说, 这里范式隐藏在幕后. 事实上, 当然, 汤姆孙和与他同时代的人们通过使用磁铁和电容器, 用洛伦兹力和牛顿力学的公式来计算电子在电场和磁场中的运动. 在这里, 电子是典型的 "具有质量和电荷的质点".

MATH: 但是不要忘记, 在洛伦兹变换下, 电动力学是不变的, 而力学在伽利略变换下是不变的; 这是否意味着这个范式实际上是自相矛盾的?

PHYS: 从形式上看这里没有矛盾. 简单地说, 必须在其中工作的参考系已被选定了.

MATH: 但是, 如你所知, 地球 "相对于以太" 是运动的.

PHYS: 是的, 但实质上, 这个运动速度比阴极射线管中的电子速度小得多, 因此事实上他们不必为此烦恼. 实际上, 他们很可能没有考虑到这点, 但他们知道电容器、磁铁和电荷的电动力学在实验室中是适用的.

MATH: 洛伦兹考虑过这些问题.

PHYS: 是的, 因为他认真地对待迈克尔逊 (Michelson) 实验并试图去解释它 [1].

PHIL: 您为什么说 "我们可以这么说……"?

PHYS: 因为物理理论不像数学理论那样. 数学或多或少地是一个由假设、定义和推论组成的有序系统, 例如欧几里得几何学. 相反地, 理论是图像、思想甚至联想的资源库, 被用来解释一定范围内的现象.

MATH: 但是您自己说过, 现代基本粒子理论的基本范式是量子场论. 那么, 这当然不是那么混乱.

PHYS: 你当然知道, 现代量子场论绝不是一个比例匀称的宫殿; 它更像是一座古老的房子, 其中到处都是扩建的部分. 当然, 最初的中心结构仍然完整——即粒子是通过把场量子化获得的——但是有很多外围的屋子!

MATH: 这是真的: 从真空期望值到沿着围道的量子化 (quantization along contours) ——一种很非形式化的结构.

PHYS: 一直以来, 事情或多或少都是如此. 那些想用逻辑方式把学科组织起来的企图——希望它能给物理学提供理想而纯粹的结构——很少结出果实; 这更多是自然哲学家的当务之急 (preoccupation). 德谟克利特为理想的固体原子发展出了一个非凡的范式. 在引入力学中的有心力之后, 博斯科维奇 (Boskovich) [2] 试图解决 "有心力范式", 但物理学家们却粗心得多. 在亚伯拉罕 (Abraham) 的工作 [3] (大约 1900 年) 之后, 电子变成了一个, 差不多是, 很小的硬球.

MATH: 所以亚伯拉罕把卢克莱修 (Lucretius) 和博斯科维奇混合到一起了?

PHYS: 粗略地说, 是的. 这种混合物看起来很吸引人.

PHIL: 为什么?

PHYS: 索末菲 [4] 认为表面上带有电荷的刚性理想球体, 作为电子的模型, 是 "电磁式的宇宙图景" 的完美自然单元. 在任何情况下, 假设都很简单,并且可以用来进行计算.

MATH: 但是这样的电子与相对性原理相矛盾.

PHYS: 当时, 相对性原理对索末菲而言是一种机械力学的返祖 (mechanical atavism). 也有更复杂的电子模型. 为了构建完全符合相对性原理的电动力学, 庞加莱引入了一个有理想伸缩性的带电表面的电子模型, 其中电子受到以太的均匀恒定压力 [5].

MATH: 这个模型不会归约到洛伦兹不变的作用量吗?

PHYS: 当然. 如果我们有一个静止的电子, 其面密度恒定, 那么它将是一个球体, 而如果它 "相对于以太" 移动, 它将经历洛伦兹收缩.

PHIL: 上述这些模型后来都怎样了?

PHYS: 普朗克写下了点电荷的洛伦兹不变的作用量. 后来就不再需要各种模型 [6].

PHIL: 不要忘记, 正如我记得的那样, 点电荷的电磁质量是无限的.

PHYS: 他们隐含地同意, 只考虑粒子在外场作用下的运动和粒子的辐射问题, 而不考虑粒子场对自身的作用.

MATH: 不是那样的. 在经典的电动力学中, 存在由辐射导致的摩擦力 [7].

PHYS: 这是一个非常粗略的近似值; 这是展开式中的第一项, 而在该展开式中, 之后的项则毫无意义.

MATH: 然而, 这在 30 年代被大量采用.

PHYS: 是的, 但没有获得任何令人满意的结果, 问题不再出现, 因为量子电动力学 (QED) 中的重整化方法在实践中解决了计算辐射修正的问题.

MATH: 那好吧; 所以你回到了你最喜欢的范式: 在我看来, 你喜欢这个范式, 就像博斯科维奇喜欢他的中心力场一样.

PHYS: 当然不是, 但它是现有范式中最好的.

MATH: 关于质子的历史, 我们可以说些什么?

PHYS: 它始于普劳特 (Prout) , 他在 19 世纪初怀疑一切都是用相同的轻质元素——氢——制成的 [8].

MATH: 超级大脑夏洛克·福尔摩斯 (superbrain Sherlock Holmes) 再次做到了!

PHYS: 无论如何, 这都算是个好运. 当原子质量被测量时, 并不完全是氢原子质量的整数倍, 所以这个想法在当时就被放弃了.

PHIL: 是什么事情让它复活的?

PHYS: 是同位素的发现、卢瑟福的行星模型, 以及 1900—1918 年用质谱法明确地确定同位素的原子质量. 事实证明, 在此之后, 认为原子核由质子和电子组成的假说就开始出现了.

MATH: 质量缺陷不是一种麻烦吗?

PHYS: 不! 他们在考虑这些事情时就已知道能量和质量之间的联系, 因此, 电磁能量可以改变稠密的电荷系统的质量的事实似乎很自然 [9].

MATH: 是否有一位 "最早的" (first) 作者或若干个最早的作者们, 建议将质子和电子作为原子核的模型? 教科书上是怎么写的?

PHYS: 似乎他们没有提到这一点. 荷兰人范·登·布鲁克 (van den Broek) [10], —— 他可能是首批作者之一 —— 富有独创性.

MATH: 甚至在质子被实际观察到之前, 其存在性就已经被认识到了吗?

PHYS: 不, 因为质子束很容易获得, 而汤姆孙和其他人已经清楚地 "看到" 了它们. 事实上, 光子和中微子的历史更有趣. 这些粒子是由理论家发明的. 可以说, 光子是爱因斯坦 "发明" 的; 通过对维恩公式 "做实验", 他发现在维恩极限时, 黑体辐射精确地减少为粒子气体: 粒子数量的波动遵循 $\sqrt{n}$ 定律; 此后, 他通过思想实验发现光子也有动量 [11].

MATH: 事实上, 在上述文献的第二篇中, 他已经在使用普朗克定律, 并且已经走上了 "波动性观点" 的轨道.

PHYS: 这是事实, 尽管他解释得不正确.

MATH: 嗯, 当然, 这也是事实. 但是不要忘记, 应该说光子并非完全是粒子, 而是一个场的量子, 即量子系统的基本激发之类的东西, 而且由于爱因斯坦不了解量子力学, 他不得不提出一些错误的构架.

PHYS: 当然, 你是对的, 但基本的困难是无法解释干涉现象, 这让我们都认为光子是无关紧要的假设 (conjecture) [12].

MATH: 因此, 据推测, 为了适应光量子概念, 人们不得不等待电磁场的量子理论出现?

PHYS: 不, 像往常一样, 物理学家不会一直等到所有的矛盾都被消除完毕. 我认为正是康普顿 (Compton) [13] 通过证明被电子散射的粒子中硬量子 (hard quanta) 的动量服从弹性碰撞规律来说服所有人. 在此之后, 人们就相信量子概念, 并开始寻找能够严肃对待光的波动–粒子双重性质的理论.

MATH: 很好. 那么中微子呢? 我看过费米的文章, 我认为他非常幸运. 可以这么说: 它直接在其范式中诞生了. 费米对电子和中微子的场, 如此彻底地写出了二次量子化和产生–湮灭算符. 范式和实物 (the paradigm and the object) 之间的联系非常明显.

PHYS: 无论如何, 这个物理对象以更加非正式的形式出现. 为了解决与能量和角动量守恒被破坏有关的困难, 泡利 (Pauli) 想到了中微子; 所以首先, 这只是一个 "粒子", 而泡利认为它是相当重的, 并且居住在原子核中. 换句话说, 他所说的中微子几乎就像一颗中子 [14]. 需要说明的是, 用中子计算的效果更好. 中子比较容易观察到. 在查德威克 (Chadwick) 的工作之后 —— 他的工作基本上表明中子是一个重粒子, 其质量与质子的质量大致相同, 并且与原子核和质子强烈地相互作用 —— 它立即得到普遍认可 [15]. 关于中微子, 由泡利和费米在理论上发现之后, 多年过去了, 直到 1957 年莱茵斯 (Reines) 设法观察到反应堆中产生的中微子 (更确切地说是反中微子) 引起的反应, 此后每个人都清楚地知道它是一个像其他任何粒子一样的粒子 [16]. 当然, 如今, 观察中微子引起的反应已经是日常了. 在密立根的书 [17] 中缺乏 ν, 这很可能反映了他对理论家的不信任.

MATH: 正电子, 我认为, 则享受了更快乐的命运?

PHYS: 是的, 这是实验物理学家以通常的方式发现的, 只有在此之后人们才意识到它是一个反粒子, 其存在性由狄拉克关于电子的量子力学导出.

MATH: 用自旋 1/2 的狄拉克场的量子理论去描述是不是更好?

PHYS: 是的, 但这种方案后来才出现. 狄拉克更直观地推进着: 他用负能量填满了能级. e 和 e^+ 的现代的对称化图像是后来的成就 [18].

MATH: 这很好, 但是似乎在已经建立的量子场论的框架内直接解释发现的粒子的图像不可能是正确的. 否则, 怎么解释张伯伦 (Chamberlain) 和塞格雷 (Segre) 在 1959 年因发现反质子而被授予诺贝尔奖? 如果场论如此显然, 那么你可以说, 一旦有了 P(质子), 我们同样也可以讨论 $\overline{P}$(反质子).

PHYS: 我认为, 库恩所提出的把科学发展看成一系列相继的范式的图景, 是过于简化了. 在 30 年代, 事实证明 QED 的困难非常大; 它几乎不像一个理论. 因此, 必然有许多人认为, 既没有反质子也没有反中子. 一般而言, 某个研究人员是否相信其存在, 是一个非常个人化的问题. 安德森 (Anderson) 在发现正电子时, 并不想处理狄拉克方程. 在发现正电子后, 他写道, 他发现了一个大半径的质子状态 [19].

MATH: 从对称性的角度考虑, 他同样应该认为存在小半径的重 "电子".

PHYS: 这是非常合理的. 也许在他 1932 年的文章中有一些相关论述. 不知何故, 甚至在 1958 年, 仍然有很多人怀疑狄拉克方程对质子的适用性, 因而怀疑 $\overline{P}$ 的存在.

MATH: 非常奇特的是, 总的来说, 他们是正确的. 正如我们现在所知, 质子并不是基本粒子, 而是由三个夸克所组成的束缚态, 而狄拉克方程, 就此而言, 实际上与这件事情没有任何关系.

PHYS: 它的磁矩与狄拉克的 $e/(2m_p)$ 没有关系, 但同样地, 我们在计算 eP 散射时使用狄拉克方程, 尽管我们确实引入了一个异常磁矩和两个形状因子.

MATH: 那么狄拉克方程还剩下什么呢?

PHYS: 实际上很少; 只有在洛伦兹变换下具有总自旋 1/2 的粒子状态的性质. 从某种意义上讲, 当我们在散射计算中使用狄拉克方程来描述质子在没有电磁场的空间中的状态时, 我们只是在向传统致敬. 本质上, 所有结果都可以从洛伦兹不变性中得到.

MATH: 好吧. 但同样, 包含内部自由度的现代场论与洛伦兹自由度无关, 相应的对称性自发破缺、基本夸克和胶子已经与 30 年代的量子电动力学完全不同. 这个转变是如何发生的?

PHYS: 一点一点地. 这一切都始于核力: 人们发现 PP 和 PN 的核相互作用——如果它们处于同一状态——是相同的. 因此, 认为 P 和 N 是同一个粒子的两个状态的思想发展出来, 核力的形式需要满足同位旋不变性. 人们已经使用了具有自旋 1/2 的粒子的众所周知的自旋矩阵, 并且通过类比, 引入了带有同位旋矩阵 τ 的相互作用.

MATH: 我认为你在某种程度上过分简化了整个故事. 我记得, 核子的两个状态和 τ 矩阵出现得更早. 它们已经在费米 1934 年关于 β 衰变理论的文章中使用过, 他在文章中提到了海森伯在 1932 年的著作 [20]. 我怀疑在中子被发现的那一年, 核力是否如它们一样被众所周知.

PHYS: 哦, 是的. 即使对于海森伯来说, 质子和中子质量接近的事实, 看起来, 也足以证明他将 P 和 N 视为 "重粒子的两个内部量子态". τ 算符出现了, 因为当 P 转换成 N 和 N 转换到 P 时, 他想考虑 P 和 N 的交换力.

PHIL: 他为什么要这么做?

PHYS: 他很可能想要构建 NP 相互作用的最一般形式. 不知何故, 在此之后, 由于经验事实表明 NP 和 PP 力在各自对应的状态下是相同的, 因此遵循不可避免的结论 [21], 相互作用的能量必须包含单位矩阵或 $\vec{\tau_1}\vec{\tau_2}$, 其中 τ_1 和 τ_2 分别作用在海森伯已经引入的核子 1 和 2 的同位旋变量上.

MATH: 我认为这里的所有内容都是按照通常的 $O(3)$ 群而不是 $SU(2)$ 来描述的.

PHYS: 当然是这样. 当新粒子的发现启示了扩展同位旋变换群的想法后,

情况非常混乱. 理论家们试着从 $O(3)$ 过渡到 $O(4)$ 但没有试过从 $SU(2)$ 到 $SU(3)$, 而后者实际上是有效的.

MATH: 这里你指的是奇异粒子吗?

PHYS: 是的, 但在同位旋不变性的历史中, 发生了许多有趣的事情: 汤川秀树为核力提出了基于介子交换的场论 [22]. 他预言的重介子被错误地与 30 年代发现的 μ 介子等同起来. 这鼓励了对汤川理论有效性的信念, 因此在 30 年代末, 核力的介子理论发展迅速. 同位旋不变的介子–核子相互作用被确定下来, 而且核力的介子变成了同位旋群的三重态 [23]. 在 1944 年的讲座中, 泡利断定, 从氘核的性质来看, 核介子是赝标量. 因此, 我们看到他当时最喜欢的场论是 π 介子远距离相互作用的现代唯象学.

MATH: 但肯定地, π 介子现在是非基本的.

PHYS: 如果其中一个核子与另一个核子的距离 $l \gg \dfrac{\hbar}{m_\pi c}$, 那么我们可以忽略 π 介子的维度并将其视为一个点. 情况可能更好. 事实上, 核子和 π 介子都具有约 $\dfrac{1}{2} m_\pi$ 阶的维度, 因此人们可以直接使用泡利书中的理论 [24].

MATH: 所有这些都已计算出来吗? 另外, 泡利的论证是正确的吗? 事实上, π 相互作用是否正确地解释了氘核的四极矩?

PHYS: 可能没有人确切地知道. 不论如何, π 介子和核子的同位旋不变的相互作用进入了世界. 然后人们推测可以在不诉诸动力学的情况下获得强相互作用概率之间的某些关系, 而只需要直接利用同位旋群的性质. 我们就是这样熟悉第一个内部对称性群的. 从勒普兰斯–林盖 (Leprince-Ringuet)、巴特勒 (Butler) 和罗切斯特 (Rochester) 的第一批工作开始——它们完成于 40 年代——物理学家开始通过研究威尔逊云室和宇宙射线产生的感光光乳液水平 (photoemulsion level) 来观察新粒子 (K 介子、超子) [25]. 它们被称为奇异粒子, 因为它们衰变成 π 介子和核子比预期慢得多.

PHIL: 他们期待的是什么?

PHYS: 粗略地说, 人们认为恰当地产生出来的粒子 (这是众所周知的) 应该参与强相互作用, 并且由于最终产物与 π 和 P、N 进行强相互作用, 他们预计衰变时间是 10^{-23} s. 他们寻找解释并再次考虑同位旋, 但在这种情况下, 盖尔曼 (Gell-Mann) 在 1953 年几乎给出了正确的解释; 在此之后, 基本粒子的同位旋性质开始被深入研究 [26].

MATH: 现在已经很清楚, 从本质上讲, $SU(2)$ 群没有任何基本性. 简单地说, u 和 d 夸克的质量肯定不等于, 而是小于 $\dfrac{\hbar}{c r_c}$, 其中 r_c 是约束半径. 因此, 在 $m_u, m_d < \dfrac{\hbar}{cr_c}$ 的近似下, 它们可以忽略不计. 而 "同位旋排除" (isospin exclusions) 也不是基本的; 简单地说, 在强相互作用中, 夸克不会相互转化; 这就是它的全部.

PHYS: 当然, 25 年来我们一直认为同位旋群是 "非常基本的", 这个想法非常有用. 否则, 杨振宁和米尔斯 (Mills) 肯定不会开始尝试把同位旋对称性构造成局部的.

MATH: 现代基本粒子理论的情况非常奇怪. 事实上 "可见" 并且出现在可观察数据 (同位旋, 以及种类对称性群 (symmetry of sorts) $SU(3)$) 中的那些内部对称群具有随机起源, 并且是非局部的. 然而, 人们认为内部对称性的概念和它们的局部化的概念都是正确的, 并且存在真实的局部对称性 $SU(3)$ 和弱相互作用的对称群 $SU(2) \otimes U(1)$, 但它们没有在外部世界中出现; 这是因为第一个群仅由单重表示构成, 而第二个群通常是自发破缺的. 事实证明, 所有这一切的历史更适合于看成由错误构成的喜剧, 而不是穆勒 (John Stuart Mill) 所说的有序的归纳过程.

PHYS: 当然. 但是, 最终, 通过类比进行的简单的推理, 是最终导致现代理论的猜想的基础. 在 QED 中, 存在物质场的相变 (群 $U(1)$). 这些变换可以是局部的, 因为矢量场也进入了理论. 如果在物质场上实现了对称群 G, 那么我们可以通过类比 QED 构造拉格朗日量, 这样它也将是局部的 [27]. 与导向颜色群和弱群的推测相伴随的, 总是有出于推测的真理、错误的等同 (erroneous identification) 和先入之见. 最后, 这些错误导致了与事实的矛盾, 并从图景中消失了, 而真相的碎片则合并成一幅连贯的画面.

MATH: 在我看来, 在这一点上我们几乎不需要仔细钻研现代规范理论开创史的细节. 无疑地, "这一天还没有结束". 但我不认为从 QED 到杨–米尔斯场论的道路和你上述所说的一样顺利. 因为似乎在 30 年代末时, 人们倾向于相信场论将要迅速完成? 而在 50 年代和 60 年代情况也是这样?

PHYS: 当然. 我实际上没有追溯到全部发展路线, 但是换句话说, 如果你喜欢, 我已经尝试将其表示为虚线, 在多年来它经常隐没不见, 而从表面上看, 人们做出耸人听闻的尝试, 以便给出各种相当不同的方案. 将范式扩展到一个新领域绝不是一个无痛的过程; 矛盾不可避免地出现, 并且总是存在危机; 事实上, 范式本身总会被重组和变化. 当麦克斯韦和玻尔兹曼 (Boltzmann) 及其前人和后继者将力学应用于原子现象时, 他们构建了气体动力学理论, 而在那里, 他们遇到了明显的矛盾! 在这里, 成功只能是局部的, 恰当地说, 只有量子理论才能消除这些矛盾.

MATH: 也许现在情况仍然如此? 也许我们正准备迎接新的革命.

PHYS: 进行革命变得一次比一次更难, 因为我们不能遗漏的知识储存库不断增加. 爱因斯坦喜欢这样一句话: "人类永远不会从经验中学习, 因为旧的错误总是以新的面貌呈现给他". ("Mankind never learns from experience, as the old mistakes are always being presented to him in a new light".) 但在讨论当前形势之前, 我想回忆一下量子场论中更早的意外事故.

1.4 对话 4

MATH: 那么从 1929 年到现在, 场论中实际上发生了什么? 本质上讲, 我什么都没有理解. 一方面, 您使我相信这是现代理论物理学的范式. 实际上, 电弱和强相互作用的理论 —— 现代物理学家认为这也是对 "实际上存在于我们外部的客观现实" 的描述 —— 无疑是 "量子场论", 可以说是海森伯和泡利在 1929 年创建的量子电动力学的姐妹. 另一方面, 如果说, 我们读一下泡利在 1929 年至 1946 年之间撰写的文字, 那么他实际上已经变得对他的孩子们非常严厉, 就好像她们是他的继女一样, 并且永远地等待着她们去世; 这样做的不仅是他 [1]. 我们可以浏览一下 30 年代的期刊, 我们发现当时所讨论的那些理论在这个范式中并没占有一席之地 [2].

PHYS: 这种情况很多吗? 那些理论又是什么呢? 同样在我看来, 计算出 $e^+ + e^- \to 2\gamma$ 类型的各种过程的概率恰恰是在 30 年代. 您是否以某种收集统计信息式的方式检查过它? 有多少篇这样的文章?

MATH: 我还没开始这么做. 我只在工作时才看期刊.

PHIL: 但是请告诉我, 有没有其他生物可能会引导我们去创造新的著作! 难道说他们早已全部去世了吗?

MATH: 好吧, 既是又不是. 一样地, 教科书中还没有涉及我们的范式, 因此, 如果您想用现代的术语来理解它, 则必须阅读较早期的文章. 但是新结果是用不同的方式得出的. 我认为所有这一切都是因为还没到拆除范式的时候. 当我们开始重建建筑物时, 我们必须仔细考虑基础, 但是当您正在建造上层建筑的时候, 就无须寻找基础.

PHIL: 好的, 扩建的房间和外屋 —— 总是可能的. 但是, 如果想要认真地对待您的隐喻, 那么当下一座上层建筑出现时, 基础可能还未建好.

PHYS: 当然, 这确实发生了. 在整个 18 和 19 世纪, 人们构建了连续介质理论. 然后尝试着遵循此图像, 物理学家开始构造光的波动理论, 之后是热力学; 而后, 麦克斯韦构造了他的电动力学. 一直以来每个人都认为他们在牛顿范式下工作, 并且正在建立位于有心力的力学之上的唯象学的上层结构, 其正确性与实际的力学定律相互独立.

PHIL: 牛顿力学与菲涅耳 (Fresnel)、热力学和麦克斯韦在实际上有什么关联呢?

PHYS: 热力学被认为是热的力学理论的一种唯象学: 在这里, 我们有一个由大量原子组成的系统, 有心力在其中起作用. 能量守恒定律由此导出 [3]. 例如, 可以看一下亥姆霍兹的著名文章. 人们还认为, 以太由 "以太原子" 组成, 由此产生了菲涅耳光学和麦克斯韦电动力学, 作为牛顿式以太的唯象学描述. 庞加莱在 1904 年仍然在考虑着它 [4].

MATH: 别忘了我们已经说过, 一般而言, 物理学家很不关心他们的范式. 庞加莱是一位数学家, 他非常习惯这样一个想法, 即他应该知道他正在研究的对象是什么, 也就是说要指出最初的假设. 但是我认为 1904 年, 物理学家们完全陷入了混乱. 有些人, 例如马赫 (Mach), 相信纯粹的唯象学, 而另一些人, 例如索末菲 [5], 则相信宇宙的电磁式图像.

PHYS: 当然, 我不同意你的这个看法. 但我想说, 马赫本质上也是一位哲学家. 他一直在努力理解物理学所在的、变动中的范式. 这使他从 "牛顿范式是不正确的或不完整的" 这个非凡的猜想开始. 然后, 当他开始尝试摸索真相时, 既没有建立实验基础, 也没有从事理论物理学的研究, 他陷入了严重的错误, 即拒绝了原子假设.

MATH: 在马赫的立场上, 难道没有某些纯粹的意识形态对物理学有影响吗?

PHYS: 我们所说的原子论是指与勒基普斯 (Leukippus) 和德谟克利特相关的古代经典原子论, 但主要是从卢克莱修那里知道的——后来牛顿和伽桑迪 (Gassendi) 研究了它的各个可能性, 它当然不能成为科学理论, 但是变成了某种伪科学的宗教信仰. 看看卢克莱修: 从本质上讲, 所有事物都指向这样一种观念: 通过理性的论证, 即诉诸事实和逻辑, 可以证明世界由坚不可摧的原子 "组成", 其目的是解释没有永生, 因此不需要恐惧神灵和死亡之类的事物. 从本质上讲, 上述所有都成为 "伊壁鸠鲁派" 的信仰. 基督教在诞生时, 提供了一种替代性的 "宇宙理论", 它不可避免地与卢克莱修和伊壁鸠鲁主义之间产生了冲突 [6]. 基督教无法在逻辑和清晰度上与他们竞争; 这种古老的理性主义工具需要迅速被摧毁或驱逐. 敌人感到恐惧: 基督教神学对德谟克利特怀有仇恨.

PHIL: 是的, 我确定你是对的. 布莱克 (Blake) 有一首非凡的诗. 大意是 "嘲笑吧, 嘲笑吧, 伏尔泰、卢梭; 你的原子像沙子一样被风吹走, 又吹回来蒙住了你的眼" [7].

PHYS: 我明白了; 当然, 到了 19 世纪末, 那些对原子理论不屑一顾的宗教人士, 在听到原子是我们的想象力的产物, 甚至物质也是如此时, 就能够欢喜起来. 众所周知, 列宁 [8] 论述了哲学的理论侧面与马赫及其追随者之间的关系. 即便如此, "忏悔" 的 (即宗教的) 附属物总体上并未起到决定性作用. 怀疑原子论观点的主要原因与理论上的实际困难有关.

PHIL: 哪些困难?

PHYS: 嗯, 您必须记住, 牛顿范式, 如果要认真对待, 会与世界上的所有事物相矛盾. 与均分定理相比, 没有比事实更矛盾的东西了. 每个人都这样写道: 麦克斯韦在 1860 年对创立气体动力学理论做出了很大贡献, 他与在 1900 年和 1904 年谨慎的庞加莱, 甚至是吉布斯 (Gibbs) , 在疑问最严重的时刻给出了统计物理学的基础 [9].

MATH: 吉布斯和麦克斯韦是如何解决这些疑问的?

PHYS: 在某个地方, 有着麦克斯韦引人注目的判决. "动力学理论可能不正确" 的想法是不可能的, 因为有太多的证据来证实它了; 但是其中缺少某些重要的东西.

MATH: 如果该理论包含矛盾, 那么我们能如何处理它呢? 一种思想, 只要它在处理现实而不是仅仅处理其自身的结果, 必然在矛盾之中运动, 但它们总是在向前迈进. 既然我们已经提到过马赫, 让我们回想一下他的 *妙语* (*bons mots*): 认知过程是使思想适应事实的过程 [10]. 的确如此. 这几乎是一个生物学上的过程.

PHIL: 但是, 尽管如此, 如果原始假定之中就已存在矛盾, 那么如何进行推理?

PHYS: 朗道会说 "不断尝试各种方法". 实际上, 答案很简单; 不要构建过长的演绎链, 避免出现 "矛盾区域".

PHIL: 如何限制它们?

PHYS: 再一次地, 以某种合理的方式. 如果您在 1915 年至 1925 年间看到过旧的量子化方法能够良好地处理稳态, 那么您也可能会建议, 将经典力学用 $\int pdq = 2\pi rn\hbar$ 的方式量子化后仍然对稳态有效. 但对过渡态 (transitional states) 我们则一无所知, 而在目前, 我们无须考虑它们.

MATH: 但是, 然后您就学会了量子化氢离子分子 [11], 并且意识到这个假设没有继续下去.

PHYS: 于是您再去想些别的. 因此, 您将继续尝试, 直到海森伯迈出绝望的一步: 彻底抛弃电子的坐标, 并根据 "表格" 写出方程式, 即傅里叶变换下分量的类似物.

PHIL: 那么做行得通吗?

PHYS: 当然. 效果非常好. 最后, 海森伯突然发现了真实结构的碎片.

MATH: 为什么不是德布罗意?

PHYS: 如果愿意, 您可以说 "德布罗意也独立地做到了". 当然, 还有一条替代路径, 即从德布罗意到单粒子的薛定谔 (Schrödinger) 方程, 然后是 n 个粒子. 这一条发展路线并没有独立得出结论.

MATH: 这种反对合理吗? 当然, 我知道玻恩 (Born)、海森伯和若尔当 (Jordan) 的文章实际上是 n 能级系统的完整量子力学, 但是那时并没有概率诠释, 我认为玻恩的工作有助于找到它.

PHYS: 至少, 我要试着低估波动力学的价值或其作用. 但尽管如此, 海森伯 1925 年的工作至今几乎不需要任何改变; 毕竟这是现代量子理论.

MATH: 我们似乎忘记了量子场论.

PHYS: 不是的. 实际上, 我们已经用隐喻的语言来谈论它. 它在 1929 年至 1974 年间的命运有点类似于原子理论. 在最初的成功之后, 出现了困难, 即无法在量子理论框架内描述新的事实领域. 人们为此提出了替代方案, 其中也包括极端革命和极端唯象学性质的方案. 极端革命的方案无法导出任何可理解的结果, 而极端唯象学的方案则无法充分有效地发展下去. 一小群理论家耐心地继续使用量子场论. 人们逐渐提出了一些新的想法, 并在 1967 年出现了电弱规范理论的正确版本 [12]. 然后, 他们最终提出了强相互作用理论的现代版本.

PHIL: 这一切都让人想起阿纳托尔·法朗士 (Anatole France) 的故事. 您还记得吗? "他们出生, 他们受苦, 他们死亡". 不管怎样吧, 那些困难具体是什么?

PHYS: 当然是场论中的发散问题. 几乎在量子场论出现伊始, 人们就发现散射截面的第一个非零项是有限的, 但随后的项是无限的; 质量校正是无限的, 依此类推.

PHIL: 他们决定对此做些什么?

MATH: 如果您使用海特勒 (Heitler) 的著名教科书 [13], 那么他们的印象是, 认为 QED 仅适用于较长的距离, 而其他距离则认为有所不同. 似乎使他们感到惊讶的是, 看起来该理论在某些过程中能够支撑的时间太长了. 例如, 电子的韧致辐射公式在电子能量 $E \gg mc^2$ 时成立. 为什么会这样呢? 答案由魏茨泽克–威廉姆斯 (Weizsäcker-Williams) 方法给出. 该过程可能导致康普顿散射, 并且, 能量小于 mc^2 的有效光子至关重要.

PHYS: 当时那些文章的不少作者还活着. 我们大概应该列出一张清单, 然后依次询问他们.

MATH: 是的, 我确定你是对的. 关于其他竞争性的计划, 有各种想法: 从空间量子化到非局域场论. 而且很可能还有其他一些想法.

PHYS: 是的, 现在并不容易记住: 那里还有什么? 那时, 重整化逐渐出现, 并且在 40 年代出现了巨大的突破: 在 QED 中, 可以计算量子场论到任意阶.

PHIL: 有时有人说, 重整化的整套技术都是用无穷大变戏法. 人们是怎样决定将其接受下来的呢?

PHYS: 做具体事情的理论家永远不会像同事们后来所说的那样不理智. 如果您看一下 40 年代末期的费曼 (Feynman) 的作品, 他修正了短距离处的理论, 并实际上计算了有限的和小的校正, 而他的重整化程序实际上是对小校正的处理 [14]. 通常, 这就是 QED 理论中的情况. 在具有单群的规范理论中, 由于短距离处的渐近自由, 基本上没有问题. 在那里, 随着距离趋于零, 校正总是很小.

MATH: 你说得不太对. 在希格斯区, 之前所有的困难仍然存在. 修正值会随着截断的去除而增加.

PHYS: 是的, QFT 不是渐近自由理论, 但是很显然, 希格斯谱是一种唯象学概念, 在下一阶段我们将修改它.

MATH: 也许如此吧. 但是, 为什么在 60 年代初人们对 QFT 如此着迷呢? 已经想到了该理论的一个显著的新变体, 即杨–米尔斯方程, 但几乎没有人愿意研究它?

PHYS: 至少可以提到两个因素, 但是很难说其中哪一个更加主要. 50 年代初, π 介子与核子的赝标量相互作用理论在基本粒子论的 "学科矩阵" 中占据了很大空间. 有一个很好的可重整化理论. 奇异粒子往往没有引起人们的注意, 因为在实践中, 人们认为它们对 π 介子与核子相互作用的贡献很小 [15]. 理论家试图解决的问题是: 在 πN 理论中计算 πN 散射、光子产生和核力. 但他们并未成功. 1955 年, 在一个新的方向上取得了相当大的成功: 通过使用 QFT 的一般原理, 获得了 πN 散射过程振幅的色散关系[16]. 振幅是在某种意义上可以直接观察到的量, 可以从实验数据中直接确定它们: 而通过实验可以检查并验证色散关系. 显而易见的解释是, 场论是有效的, 而问题在于找到正确的版本. 但是, 就像在通常情况下, 出现了一些完全不同的理论. 让我们回忆一下原子论、热力学和马赫吧. 如果把所有参与强相互作用的粒子写下来 (它们现在被称为强子, 但那时该术语还不存在), 将它们之间相互作用的所有振幅收集起来, 并记下所有色散关系, 那么可以得出完整的方程组. 可能需要一些新的推测或假设, 但它们与振幅本身有关. 这样的计划被称为原子核民主.

在 60 年代, 夸克模型已经被讨论过了, 可以说有两个同时进行的方案: 我刚刚描述的原子核民主方案 [17] 和强子复合模型方案, 即, 由某些东西或其他 (例如夸克) 组成的强子 [18].

MATH: 众所周知, 在 QED 中, 可以通过色散方法获得与费曼图 [19] 完全相同的结果. 怎么能希望在强相互作用理论中获得其他的东西?

PHYS: 如果您看一看 60 年代相关讨论的文献, 您会发现很多人都这么说, 而其他人则希望 QFT 的改变已经带来了一种新的理论 [20]. 认为我们正在做一些全新的事情, 这总是令人高兴的.

MATH: 这一切都消失了, 不是吗?

PHYS: 这很难说. 从某种意义上说, 它们仍然存在, 或者说出现了一个断言——可以对任何物理对象画出费曼图. 无论是 π 介子还是核子都不是基本的, 但如果是相距比较远的核子, 则它们交换 π 介子, 并且这可以通过简单地使用旧的费曼图计算, 其中 πN 常数可从戈德伯格 (Goldberger) 色散关系中获得. 如果单个 π 介子的交换振幅以 $\exp(-mcr/h)$ 的速度衰变, 则这样的两个 π 介子的交换振幅衰变速度为 $\exp(-2mcr/h)$. 这里不涉及微扰理论, 对它的理解来自色散方法. 这种唯象学描述的进一步发展是一个有趣的故事, 并且它仍在不断发展.

MATH: 您谈到了对场论失去兴趣的两个原因. 第二个原因是什么?

PHYS: 第二个也许是电动力学中零电荷 (zero charge) 的发现. 1954 年, 朗道和波美拉楚克 (Pomeranchuk) 提出了支持以下建议的论点, 即根据 QED 对电荷进行重整化后, 电荷无论在短距离处有多么大, 在长距离处总是精确为零. 也就是说, 被理解为纯粹的局域理论的 QED, 实际上是一种不包含相互作用的理论. 即使到现在, 朗道和波美拉楚克的论点也似乎令人信服 [21].

MATH: 我不了解所有这段历史. 如果您将合理的论证应用到现实世界和

正确的理论中以获得答案, 那么它们已经可以成立了. 另一方面, 如果您希望证明局域 QED 并未描述真实的电动力学, 那么您似乎需要一个严格的证明.

PHYS: 也许我们应该停止修补 QED——这是一个合理的论点吗?

MATH: 不管怎么说, 我们一直在谈论的 QED 中的这些空间尺度实在是太小了. 它们在实验中是无法达到的. 那么, 如何将朗道和波美拉楚克的主张付诸实践呢?

PHYS: 如果继续运行强相互作用理论, 则在距离 $\dfrac{\hbar}{m_\pi c}$ 处, 灾难会立即发生. 因此才有场论没有描述强相互作用的说法 [22]. 这种论点和原子核民主计划在何种程度上相互支持, 我们尚不清楚.

MATH: 如您所知, 显然还有海森伯的方案. 他认为基本粒子是纯粹的"柏拉图形式", 这是反德谟克利特的. 他实际上是怎样思考这个问题的? 你知道他怎么说: "在现代量子理论中, 毫无疑问, 基本粒子最终是一些数学形式, 只是在本质上极其复杂和抽象得多"(与柏拉图多面体相比)[23].

PHYS: 海森伯在最后的二十年所著的文章和书中, 写了很多类似的话. 如果我们分析这些段落的上下文, 那么很明显它们涉及了以下几件事: 首先, 与德谟克利特的原子不同, 基本粒子不是永存的. 它们产生, 而后消失, 例如, 在反应 $\gamma + \gamma \to e^+ + e^-$ 中. 这显然包含在我们的范式中. 在某种意义上, 这是平凡的. 粒子并不是该理论的原始对象, 而是玻色 (Bose) 场或费米场的谐振子. 粒子是这些场的激发. (更准确地说, 对于玻色场, 是其最低激发态.) 为什么产生出的正电子或电子总是彼此相同的? 这个问题的最好答案是, 电子的费米场的方程总是相同的. 当然, 这是一个形式上的答案; 它实质上陈述了蕴含在 QFT 中的事实. 从该论断出发, 到证明电子是纯粹的形式, 还有很长的路要走.

还有更进一步的方面. 在 QED 中, 需要区分方程的原始粒子中的"裸电子"和实际电子, 根据理论, 该电子是状态 $e^- > + e^- \gamma > + e^- e^+ e^-$ 的叠加, 而这是一个复杂的系统. 然后出现了一个问题: 为什么不能连续改变这种系统的能量或质量. 这里给出的答案是, 根据量子力学, 任何系统的能级是不连续的, 并且最低能级是一种特殊情况. 电子没有激发态.

MATH: 在 QED 中, 我们使用微扰理论: 那么上述论点有什么意义吗?

MATH: 也许有, 也许没有. 强子是夸克的连接态, 它们总有或者几乎总有多个能级. 因此, 这里的论点是有意义的. 创建质子时, 您始终会获得相同的质子, 因为您始终会创建相同的夸克, 并且系统 uud 中仅存在离散的能级. 激发出的质子已经是不同的粒子, 它们具有确定的质量. 量子力学在形式上的限制再次发挥了重要作用.

PHIL: 海森伯的意思是不是: 这些物质变成了纯粹的形式, 是因为它们没有普通物质的属性, 例如颜色、体积、硬度?

PHYS: 甚至在德谟克利特的学说中, 它们也是没有颜色的. 当然, 就理论的发展而言, 基本粒子已变得更加抽象: 今天, 我们只能用数学语言来讨论它们. 即便如此, 海森伯在没有 "物理对象/物质" (object) 的情况下也不可能比德谟克利特能做得更多; 而只有承认了物质, 才有各种所谓的硬体, 而现在我们已经将场量子化了.

MATH: 但是同样地, 海森伯当然有一个适当的替代纲领 (programme). 书中已有与之相关的记载, 例如, 在赫尔曼 (Hermann) 的传记中.

PHYS: 确实有一个纲领. 他希望把所有粒子: 轻子、强子、γ 光子等, 看成包含自作用的所有非线性旋量场的束缚态 [24]. 从本质上讲, 这是复合模型的变体之一, 但是有人建议, 所有的或几乎所有的内部量子数本身都应该自然而然地得出. 在这种理论中, "形式" 会比现代版本的 "形式" 更多, 而 "物质" 会更少——后者会引入大量 "原始特性", 例如种类、颜色和自旋. 当然, 海森伯的计划也在 QFT 的框架之内. 如果按照这个方案, 那么 "基本粒子都是纯粹形式" 的说法只能作为一个比喻. 这个纲领并没有导出什么事情.

PHIL: 难道它不会在某一天复活吗?

MATH: 纲领实际上是永恒的.

1.5　对话 5

MATH: 是的, 纲领实际上是永恒的. 我所知道的近来最美丽的物理理论大概要数超引力了. 在这里, 既有使爱因斯坦在下半生为之着迷的引力和电磁相互作用的统一理论的方案, 又有怀有对自旋 1/2 的本性的信念的海森伯所提出的方案, 二者皆得以实现. 但是看看这个理论的形式吧! 当然, 爱因斯坦和海森伯都不会接受这一理论······

PHYS: 超引力不是一种理论. 它是一个关于尚未形成的理论的计划 [1].

EXP: 理论家们总是这样. 这只是些无休止的争执.

PHIL: 我不知道. 难道 MATH 和 PHYS 两位使用 "理论" 一词来表示不同的事物吗?

MATH: 得出结论, 我们对可纳入理论的文本的限制是不同的. 就我而言, 一种理论必须在语法上清晰地组织起来; 数学家习惯用严格的规则引入概念,并且要求演绎推论和类似事情的准确性. 而对于 PHYS 而言, 最重要的是一种数学之外的语义, 这种语义是将理论与现象进行比较的可操作的方面.

PHYS: 据我所知, 理论是一系列假设的列表, 它使人们能够描述现实的某些片段. 实际上, 理论往往是一组描述某些确定对象属性的方程. 如果一些规则足够清晰, 并且能够使人们得出可以与实验进行比较的结果, 则这种理论就存在. 如果结果一致, 那么我就说该理论是真的或正确的, 并且在理论构造中所引入的对象确实存在. 所谓的 "理论的存在性" 更多是一种行话. 理论家可以写下方程, 但甚至连猜想性的解释都不知道; 也就是说, 尚不知道理论会恰当地预测什么; 那么, 我就称该理论不存在.

MATH: 在我看来, 您过分简化了情况. 例如, 即使没有描述任何一种 "现实", 在二维伊辛 (Ising) 模型中的昂萨格 (Onsager) 相变理论也无疑地存在. 或者以由理想硬球制成的气体的模型理论为例. 尽管它仅能近似地描述真实的气体, 但它仍然是一个非常好的理论. 我认为 "理论" 一词有一系列含义, 就像维特根斯坦 (Wittgenstein) 的著名例子一样.

PHYS: 是的, 但是在任何情况下, 我们都需要区分: 一种理论究竟是定义了语义 (至少在其内部) 呢, 还是仅仅是一些简单地写在纸上的公式. 我认为对超引力而言, 即使内部语义也是糟糕的. 当我谈论现有理论时, 我不是在考虑模型理论或模型, 例如二维伊辛晶格, 而是真正的理论——例如天体力学——它按照其本来面目描述现实.

MATH: 所有理论都包含理想化的成分, 因此, 也就包含建立模型的成分. 在天体力学中, 行星是坚硬的理想球体, 或更常见的是, 它们甚至被看成质点, 而实际上并非如此. 所有的理论, 甚至最好的理论, 都是模型理论; 问题在于精确程度. 但是无论如何, 在 QED 理论中, 可以计算出可观测量, 但是在 QCD 中, 没有人能用该理论对正常的强子进行计算.

PHYS: 关于如何获得它们, 有一些合理的推测. 尽管从理论上如何得出正常强子性质的问题尚待解决, 但是可以克服这一困难, 而且从 QCD 中获得的许多结果已经与实验进行了比较, 二者十分吻合 [2].

PHIL: 那么是否能构建出完整的基本粒子理论?

PHYS: 原则上, 我们可以说, 如果有一天所有相互作用理论都被统一了, 就会出现一种简单的理论, 其中包含的参数非常少, 并能用来计算所有基本粒子的性质. 就目前而言, 例如, QFD 中含有 20 多个独立参数, 我们当然离这一点还很遥远.

MATH: 就我所见, 问题并不在于参数的多少. 看起来, 当写出拉格朗日量时, PHYS 就认为给出了一种理论. 在我看来, 这却恰恰是理论得出结论的时候. 然后, 它就变成一门艺术 —— 如果您愿意也可以说是黑魔法 (a black magic) —— 但它不是理论. 用行话来说, 它被称为 "二次量子化"、"泛函积分" 或 "摄动理论". 我可以从教科书和预印本中收集到一些数学信息, 这些信息可以预示出一些美好而重要的东西, 但它们并不能构成某些确定的图像. QCD 没有能力解释强相互作用中的基本现象, 即夸克禁闭, 但它迫使我们拒绝 QFT 的基本教条之一, 即粒子的自由状态空间的完备性. 是的, 对于非线性规范理论的自由态又如何呢? 在该理论中, 即使拉格朗日量的二次部分也不能以不变的方式选择, 并且运动方程不满足叠加原理. 但是我们假设可以将其留待理论家们去解决, 然后对自己说: 啊哈, 在非阿贝尔规范理论中, 必须存在禁闭. 但是事实并非如此; $SU(2) \otimes U(1)$ 群的电弱相互作用理论不需要禁闭, 对称性是被希格斯场打破的. 这些希格斯场唯象地描述了某些未知的事物; 即使在目前的理解水平上这也很清楚. 但是, 我们对统一理论中的那些非阿贝尔群有何期待? 对它们来说, 相禁闭 (phase confinement) 是必须的吗? 谁知道呢? 我们不能从拉格朗日量推出这一点. 因此, 我们看到 20 个常数没什么大不了的. 在 QCD 中, 海森伯方程是非线性的. 但是关于态矢量的方程仍是线性的. 这里新的事情是自由态的谱与拉格朗日量自由部分的谱之间的差异, 而我们无须放弃任何教条. 只要有希格斯场, 都没有禁闭. 但是我们不知道什么时候必须这样做.

EXP: 是的, 我一直认为理论家们是在浪费时间. 那么您所提到的这个基本粒子理论是什么?

PHYS: 此处所使用的 "理论" 一词的含义有所不同. 这里的理论指的是 "我们对基本粒子的全部认识的总和". "理论" 一词通常以非常多样化的含义被使用着. 例如, 在 60 年代, 人们谈到了 "强相互作用的雷杰 (Regge) 理论". 但这只是一个方案、一个希望. 从来没有一个明确的假设列表、演绎规则以及其他所有内容. 同样地, 那里也没有高精度的数字.

PHIL: 但是我经常看到名为《量子场论》("Quantum field theory") 的书! 其中当然给出了某种统一的场论, 以描述所有基本粒子. [3]

PHYS: 嗯, 不完全如此······无论如何, 我们现在有两种关于基本粒子相互作用的理论, 即 QCD 和 QFD; 其有效性基于经验. 它们描述了实际存在的轻子、夸克、光子、胶子的行为······

MATH: 我还没有完成我的长篇大论 (对 PHYS 说). 让我们继续谈下去. 尽管您说过, 如果您所支持的理论得到了实验的支持, 那么以该理论命名的对象就存在了, 这似乎是一种虚幻的存在. 光子是一个 "事件". 但是, 除了其发射或吸收的行为以外, 还会有什么呢? 光子有可能发生这样的行为吗?

PHYS: 如果您不喜欢量子理论, 那么我恐怕帮不了您.

MATH: 但这还不是全部. 假设光子被光子散射; 那么在散射过程之后, 一个光子与另一个光子并没有区别. 您完全知道, 在给定动量和极化状态下的 n 光子通常会完全合并; 在玻色统计中, 这种状态的权重等于 1.

PHYS: 是的. 但是这里没有问题. 有一个完全清晰的完整理论, 即量子电动力学. 可以说, 该理论是量子场论的一般纲领 (scheme) 的一种实现. 该理论已被明确地表述出来. 电磁场是一个由数字 i 所标记的振子的集合, 并且将量子力学的一般原理应用于该系统, 会导出以下事实: 它们每个都有能量 $E_i = N_i h\omega$, 其中 N 是激发能级的数目; 我们最经常要处理的 $N_i = 1$ 的状态对应于光量子. 我们已经知道如何描述该系统与电子的相互作用, 并且可以清楚而明确地将它计算出来. 因此这里没有问题. 当然, 由于量子力学的出乎意料和非同寻常的性质, 没有经验的人可能会偶然发现一个明显的悖论或矛盾, 但是这些总是可以解决的. 对于该理论的优秀专家来说, 这不是一件困难的事情.

PHIL: 但是 QED中存在发散, 不是吗?

PHYS: 电子和光子的相互作用通常是在微扰理论中计算的 [4]. 此处最简单的行为是电子发出光子. (转向黑板并绘制出下图.)

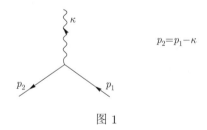

图 1

图 1 中, 具有四维动量 p_1 的电子发射具有动量 κ 的光子, 并进入动量 $p_2 = p_1 - \kappa$ 的状态. 这样一个过程的振幅被定义出来, 并且该振幅与常数 $\sqrt{\alpha}$ 成比例. 由较简单的过程可以构建出更复杂的过程. 例如, 通过两个可能的图可以描述电子对光子的散射.

MATH: 您应该说, 对于自由电子来说, 过程 $e + \gamma \leftarrow e$ 是不可能的, 并且在您的图中, 初始和最终作用之间的电子不是真实的, 而是虚拟的.

PHYS: 当然, 但是实际上, 我所描述的内容一般不必从字面上理解. 费曼

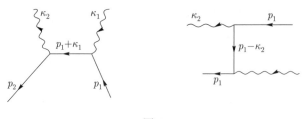

图 2

发明了这种计算方案的图形描述. 实际上也可以通过其他方法进行计算. 在所有情况下, 我们将相互作用场的态表示为非相互作用场的态的总和. 它们彼此之间的差异必须以某种方式体现出来. 用粒子的语言, 我们说处于中间状态的粒子是 "虚拟的". 这实际上是对我们在处理非自由状态这一事实的不完美表达方式. 我认为这在现在并不重要. 在关于 α 的最低近似下, 任何过程都没有发散, 并且可以完全解决所有粒子的同一性问题、波与粒子之间的关系, 以及所有其他此类问题. 至于如何处理出现发散的更复杂的图的问题, 则完全是另一回事, 但即使在那里, 也可以进行计算.

EXP: 所有这些都是理论家的典型的深奥的论述. 基本粒子当然只是粒子. 我在实验室的仪器中可以很好地看到它们. 不幸的是我没有更多的时间去听; 我必须去 CERN 继续做我的实验了. (离开了.)

PHIL: 最后, 您必须承认他的实验是最终的现实. 但是我应该相信他吗?

PHYS: 您会误解. 这仅仅是因为他的仪器被如此构造, 以使他习惯处理几何光学.

MATH: 尽管如此, 您谈论光子时就好像它们是粒子一样, 但是实际上它们不可能定域到比 λ 的波长更精确的程度. 想一想波长为 1 km 的无线电波. 那会是一种什么样的粒子?

PHYS: 理论中的主要概念是场, 而不是粒子. 只有在可以使用几何光学并处理单粒子激发的时候, 我们才能去近似地讨论粒子. 在这种情况下, 全部概念系统 (例如轨迹、粒子动量和能量等) 都会起作用. 没有必要惊讶的是, 几何光学在不需要起作用时就不起作用. (对 PHIL) 我们周围的大自然通过电磁 (或引力) 相互作用在大尺度上起作用, 直到我们打开原子核.

MATH: 这很有趣. 大自然一如往常地取笑我们. 自然现象划分为各个层次, 它们在很大程度上彼此隔离, 并且在每一层中, 起主导作用的都是一两种简单的相互作用. 这种层次结构似乎是经过特殊设计的, 以便我们可以逐步地去研究理论物理学. 瞧瞧它有多神奇吧: 在银河系和行星尺度上, 引力足以解释恒星和行星的运动; 而在我们周围的自然界中, 当我们研究丰富多彩的原子现象时, 电磁相互作用就足够了. 为了解释恒星发光的原因和方式, 我们则需要考虑引力作用、弱作用、电磁作用和强相互作用. 显然, 只有在宇宙演化的早期阶段才需要考虑到 GUT (大统一理论) 中预测的极短距离处的作用力. 但另一方面, 自然在某种程度上对理论性的原则无动于衷. 在 20 世纪初, 有人谈到了原子理论, 该理论理应解释物质的可观察特性; 现在这个概念已几乎消失, 这并非偶然 [5]. 在 40 年代末, 原子理论的概念被 "原子物理学" 的概念所取代, 而原子物理学的概念现已完全消失, 或者至少看起来已经消失了. 而且, 这同样并非偶然. 在研究 "我们周围的自然" 时, 我们有时会利用非相对论的量子力学和非相对论的库仑相互作用, 有时则会用电磁场的量子理论的基本要素去描述光与物质的相互作用, 而在另一些时候, 例如, 需要详细分析气体中的声音时, 我们仅使用玻尔兹曼输运方程, 即经典力学. 纯粹的折中主义.

PHYS: 您有点夸大了局势的模糊性. 实际上, 我们可以像海特勒书 [6] 中的费米一样行事. 我们从总的电动力学拉格朗日量开始, 然后分离出库仑力的部分, 然后研究自由平面波, 即光子. 那么, 这就将是我们的自然世界.

MATH: 我还没有提出我的主要观点. 普通的物理过程不会改变原子核, 但是, 我们周围的自然当然是原子核存在的结果. 当然, 对于大多数物理过程, 您会认为它们完全是博斯科维奇式的, 是一些具有质量 Am_p 和电荷 Ze 的中心力场. 但是从更高的角度来看, 麻烦开始了; 原子核由质子和中子组成, 它们是尺寸在 10^{-13} cm 量级的有广延的对象. 如果需要精确度, 则它们的性质 (例如电荷和质量的分布) 就被强相互作用所决定. 然后新情况就出现了, 您已经进入一个世界, 在这里不仅是 QED, 而且 QCD 也开始了统治. 喜欢整洁结构的理论家更喜欢谈论光子和电子的量子电动力学. 在很长时间内, 我们可以在不产生困难的情况下计算出 α 的更好的近似值.

PHIL: "很长时间" 是什么意思?

MATH: 在很短距离下, 我们不能无矛盾地执行重整化手续.

PHIL: 这是为什么?

MATH: 那已经是另一个故事了.

PHYS: 实际上, 在某些时候, 还必须考虑其他相互作用; 它们最终可以消除困难.

MATH: 我不喜欢这样的事实: 我们总是需要请出下凡的神灵/机械降神 (deus ex machina) 来挽回局势.

PHYS: 当然, 您应该去指责那些欧多克索斯 (Eudoxus) 时代的同事. 他们把过于简单的连续体模型强加给我们. 因此, 产生了发散和所有其他矛盾. 如果您可以对我提出一些更好的建议, 那么我可能会给您提出一个无矛盾的理论. 但是, 似乎有些时候我们已经取得了成功; QCD 在短距离处不包含矛盾.

MATH: 我不同意.

PHYS: 但是这很显然. 请记住, 在很短距离处电荷会消失, 而且所有难题都会消失.

MATH: 是的, 但是所理解的理论显然没有充分地被形式化. 我们从一个点的相互作用开始, 而现在, 看起来在一个点处似乎没有相互作用.

PHYS: 我承认我们没有足够的语言来描述我们的计算, 但从本质上讲, 我认为 QCD 是正确的理论, 它适用于强相互作用, 并且在那里不存在短距离处的问题.

PHIL: 在我看来, 您和 MATH 都在说数学仪器运行正确, 但是您对该仪器含义的看法并不完全正确.

MATH: 或者说, 完全不对. 让我们考虑麦克斯韦的时代. 您有微观的电动力学, 它至少对于宏观物体而言, 像现在一样正确, 并且我们可以说它是完全正确的. 另一方面, 麦克斯韦认为这是牛顿式以太的拉格朗日力学. 除此之外, 该理论还大致包含唯象学的成分. 除了场量 E、H, 还有场量 D 和 B, 最后是电流密度方程 $\mathbf{j} = \sigma\mathbf{E}$. 这一切将被消除; 以太将消失, 被驱逐的电子将再次归来, 在 1906 年, 普朗克将写出点电荷和电磁场的作用量, 而这个作用量现在已在朗道和利夫希兹教科书的第二卷中有所体现.

PHYS: 我乐意承认, 电弱理论的希格斯场也是非常粗糙的唯象理论. 但是, 如果麦克斯韦未曾认真地对待他的以太, 他就不可能提出迈克尔逊实验. 对于理论家来说, 质疑他们的理论是不好的. 理论家尽可能地扩张理论的边界, 并借此来发展理论. 我们只有将这些理论拉伸到极限, 才会将其破坏.

PHIL: 我想现在是时候停下来了, 趁着房间里的所有东西都还完好无损.

1.6　对话 6

PHIL: 我正在家中读字典: 在字典里, "理论" 一词也有着多种含义, (对 PHYS 说) 当您说超引力理论不存在时, 您是否正在想着《美国传统英语词典》(Amer. Her. Dict.) 中 "理论" 词条第 3 项中的例子? [1]

PHYS: 首先我想到的是 "扩展到 $N=8$ 的超引力" 的项目. MATH 会说, 有一系列几何理论都可适用于 "超引力" 一词, 但在超空间中反交换坐标的数量、拉格朗日量的选择等方面彼此不同. 为了描述所有粒子, 需要一种最大地扩充的几何学. 但是除此之外, 我相信, 在制定了推理规则之后, 嵌入在该体系中的假定系统只会产出一套废话. 相信超引力的斯蒂芬·霍金可能会想到 "理论" 词条中的第 3 项之类的东西. 无论如何, 我上次已经解释了自己所说的, 什么算是一个物理理论的先决条件. 我认为近年来, 这个词已经被用某种浪漫化的方式使用了.

MATH: 您是说 $N=8$ 的超引力理论在物理上是无法解释的吗?

PHYS: 更简单地说, 我的意思是, 当人们开始使用这种拉格朗日量来计算过程的截面时, 只能得到无穷大.

MATH: 但是请不要忘记, 在您最喜欢的 QED 里, 如果您仅计算微扰理论展开出的级数, 那么所有项将都是无限的.

PHYS: 您完全清楚地知道, 在重整化以后, 一切都是有限的, 这使我们能够在实践中把任何可观测量计算到小数点后任意多位.

MATH: 但是仍然无法计算出电子的质量和电荷.

PHYS: 然而这没有必要; 它们是理论中的参数, 需要用这些参数来计算其他所有物理量; 例如, 电子对光的散射截面.

PHIL: 那么, "截面" 是量子力学的 "可观测量" 吗?

PHYS: (不自在地) 如果能说 "是", 大家会很高兴, 但实际上并非如此. 这里的 "可观测量" 是别的东西, 例如 "散射角 θ". 而 "角度为 θ 时的散射截面" 是在相应状态下测量到光子的概率.

PHIL: 这些难道不是 EXP 所测量的概率吗?

MATH: 有时是的.

PHIL: 除此之外还有什么呢?

MATH: 一般而言, 他更喜欢测量 "理论中的参数".

PHIL: 我想看看所有这些情况; 我仍然记得在学校里学过的代数.

PHYS: 我们需要一块黑板.

MATH: (站起来, 将带脚轮的黑板从另一个房间带过来.)

PHYS: (在黑板上写下公式)

$$\sigma = \frac{8\pi}{3}\left(\frac{e^2}{mc^2}\right)^2.$$

PHIL: σ 是 "截面" 吗?

PHYS: 是的.

PHIL: 但是 "角度 θ" 在哪里?

MATH: 他写下了 "总截面". 这是在所有角度上散射概率的和.

PHIL: 我想看看 "散射角".

PHYS: (烦躁地) 我不记得了, 但是如果您真的想知道, 请给我几秒钟. (喃喃自语, 开始在黑板的右上角写字.) 啊, 这是对非偏振光

$$d\sigma = 4\pi \left(\frac{e^2}{mc^2} \right)^2 \cos^2\theta \sin\theta d\theta.$$

MATH: 您尚未写下量子版本的公式, 而是写了汤姆孙的横截面!

PHYS: 是的, 但这是当 $\omega \to 0$ 时 QED 给出的结果. (转向 PHIL.) 在这里, e 是电子的电荷, m 是电子的质量, π 是圆周率, c 是光速.

PHIL: 光速 c 也是 "理论中的参数" 吗?

MATH: 不, 它是一个 "普适常量".

PHYS: 二者有什么区别?

MATH: 它与庞加莱群有关, 并且是普适的. 它进入了所有理论, 而不仅仅是 QED. 正确地说, 最好选择计量单位制, 使其等于 1.

PHIL: 还有其他普适常量吗?

PHYS: 有, 约化普朗克常数 $\hbar$.

MATH: 万有引力常量呢?

PHYS: 我不知道 (不舒服地). 尽管我对此有自己的看法, 但分歧可能是一种惯例.

MATH: 当您写出 $d\sigma$ 时, 您是凭着记忆来写的. 从费曼图得出的推论复杂吗?

PHYS: 请稍等片刻. (写黑板)

PHIL: 但是 "级数" 在哪里?

MATH: 他写出了第一项.

PHIL: 其他项看起来是什么样的?

PHYS: 它们对应于以下的费曼图······(画图)

PHIL: 那么公式呢?

PHYS: 它对您来说意味着什么? 毕竟, 您不是 EXP, 而且还没有准备好测量东西.

MATH: 他们拥有可以自行计算这些图的计算机程序.

PHYS: 嗯, 不完全是, 这些程序不能进行重整化.

MATH: 嗯, 他们也可以写下来, 但这不是本质性的. 同样, QED 的 "公理系统" 是彼此矛盾的, 而且在逻辑体系中, 您不知道自己在做什么.

PHYS: 我不必需要理想的理论. 从物理上的考虑出发, 我能够知道我计算出的物理过程, 和在一定距离处出现的求和是什么. 在很小的距离上, QED 不能很好地工作, 而 "短至这些距离", 我都进行我的计算. 如果我计算电子的质量及其电荷, 则得到 (在关于 e_0 的级数的下一项中)

$$m = m_0(r_0) + \frac{g}{2\pi}e_0^2(r_0) \ln \frac{1}{m_0 r_0},$$

$$e^2 = e_0^2(r_0) - \frac{2}{3\pi}e_0^2(r_0) \ln \frac{1}{m_0 r_0},$$

在此处, $m_0(r_0)$, $e_0(r_0)$ 是半径为 r_0 的 "球体" 内部的电荷和质量. 如果现在我们根据 m_0 和 e_0 计算横截面, 则 $\ln(1/(m_0 r_0))$ 会进入表达式, 但是可观察到的质量和电荷为 m 和 e. 通过用 m 和 e 表示 σ, 可以得到不依赖于 r_0 的量. 此过程称为重整化.

PHIL: 我可以看看答案吗?

PHYS: 计算很长, 但是可以在书中查到. (对 MATH) 你有 QED 的书吗?

MATH: 有阿希耶泽尔 (Akhiezer) 和别列斯捷茨基 (Berestetskii) 的书. 在这儿, 给你.

PHYS: (写下公式.)

PHIL: 您的前辈花了多长时间来解决这个问题?

PHYS: 大约三十年.

MATH: 都一样, 您在重整化中引入了一些 "鬼怪"; 您说在真空中产生了 e^+e^- 对, 然后被带到真空中的电子吸引或排斥这些粒子, 并且由此产生了依赖于半径 r 的电子电荷, 但这一切提醒我麦克斯韦在以太理论中引入的大量齿轮和其他结构. 但其实根本不是这样, 您的狄拉克也同意我的观点.

PHYS: 我知道; 但事实并非如此. 让我们暂时忘记光子和电子的封闭 QED, 并将原子核置于真空中 (其尺寸为 10^{-13} cm, 作为近似, 我们可以忽略不计). 然后, 原子核也可以从真空中拉开粒子对 e^+e^-, 或者如他们所说, 它将使真空极化. 围绕它形成的电荷云的典型尺寸为 $\hbar/(m_e c) \sim 10^{-11}$ cm. 结果是, 原子核的场与库仑场有些不同. 这种差异可以计算和观察到. 为此, 我们需要在核附近放置一个准介子. μ 介子很重; 这种介子形成的原子, 半径为 $\hbar/m_\mu c Z\alpha \sim 10^{-12}$ cm, 对于 $Z \sim 10$. 这样的介子直接位于电子云中并可以测量其密度 [2].

我非常有信心, 在直到 10^{-16} cm 的范围内, QED 可以以一对一的方式描述现实. 原则上, 所有可以计算的量都可以测量.

MATH: 10^{-16} cm 从何而来?

PHYS: 从测试 QED 的测量中得出. 为了达到如此短的距离, 这些测试实际上是用轻子完成的.

PHIL: 为什么要选择用轻子?

PHYS: 它们没有内部结构. 它们是 "点粒子".

MATH: 但是, 您已经解释过, 在 QED 中必须进行一定程度的修正. 换句话说, 在某处有某种结构.

PHYS: 就算是这样, 它们也没有微小到 10^{-16} cm 尺度的结构. 我可以在此范围内进行一些修正, 然后统一的格拉肖–温伯格–萨拉姆理论将起作用.

PHIL: 所以您是说, 不同的理论适用于不同的距离?

MATH: 是的, 这就是理论的构造方式. 我上次谈过这一点, 它极大地简化了生活.

PHYS: 这很简单. 在这里, 我们有不同类别的粒子和不同类型的相互作用. 它们之中, 有些相互作用的距离很短, 有些作用距离很长.

PHIL: 其中大概是万有引力的作用距离最长?

PHYS: 是的; 电磁相互作用也是. 而 "理论" 则描述了特定的相互作用类型.

PHIL: 如果我对你的理解不错, 那么一旦将 "理论" 形式化地制定出来, 用于计算可观测量的算法就相当简单了.

PHYS: 是的, 但是要算出它们可能需要大量的工作. 连功能最强大的计算机都几乎无法应付 QED 中展开到 α^4 的问题. 但最重要的是, 重整化的过程不能对所有理论都进行. 也存在 "不可重整化" 的理论. 通常它们没什么意义.

PHIL: 您指的量 α 是什么?

PHYS: QED 中的级数是关于参数 $\alpha = e^2/(\hbar c) = 1/137$ 的级数. 由于它很小, 因此可以轻松计算所有事情.

MATH: 您认为超引力是不可重整化的吗?

PHYS: 当然是这样.

MATH: 但是, 也许用一些未知方法可以从理论中得出最终答案? 毕竟, 在 30 年代, 没有人知道 QED 是否可以重整化. 根据您的逻辑, 它应该早已被拒绝掉了.

PHYS: 我们现在比 30 年代更加了解一切. 一个理论要么是可重整化的, 要么是无意义的.

MATH: 但是为什么在玻恩阶之后的各项都不是有限的? 这样的例子是我们已知的. 或者该理论可以求和, 且求和之后是有限的.

PHIL: 我几乎无法弄清楚这些, 但还是想知道量子力学和量子场论之间的区别. 另外, 我还没有搞清究竟有多少种相互作用以及多少种理论. 例如, 您刚刚说过 "有······方面的例子". 关于什么的例子? 其中的 "现象集合" 又是什么?

MATH: "量子场论" 在您的词典中不是一种理论. 它更像是一种语法、一种构造 "理论" 的规则、一种普适的语言. 在这种语言的范围内, 您可以通过选择不同的 "基本场的集合"、"拉格朗日量"、"空间维数" 等来构建不同的 "理论". 目前, 理论家们知道两个拉格朗日量: 一个是电弱相互作用的拉格朗日量, 另一个是强相互作用的拉格朗日量; 并且认为这些拉格朗日量确实描述了这些相互作用. 目前, 其余理论都是玩具或模型理论. 这些玩具用于测试和研究各种版本的属性. 可以在不考虑是否描述任何物质的情况下, 研究这些玩具理论.

PHIL: 但是你为什么不对引力相互作用的拉格朗日量说些什么呢?

PHYS: 尚不清楚如何量子化引力场.

MATH: 在我看来, 这还完全不清楚.

PHYS: 我认为对于弱场, 一切都是有序的, 并且玻恩近似可以被认为是正确的.

MATH: 在什么意义上正确?

PHYS: 如果有可能通过电子散射引力子, 那么······

PHIL: 是什么阻止 EXP 去研究 "引力子的散射"? 毕竟, 他已经知道如何散射光子了.

PHYS: 不可能产生足够强的引力子源; 也没有任何接收器.

MATH: 你自相矛盾了. 别忘了引力的拉格朗日量不能重整化.

PHYS: 但是在经典近似下, 它是正确的.

MATH: 不可重整化的后果很严重吗?

PHYS: 也许是这样; 至少可重整化能让我完成计算. 但是话又说回来, 是否可重整化也许并不重要. 可能需要将爱因斯坦的拉格朗日量推广成一些其他的拉格朗日量, 以便对其进行重整化.

PHIL: 这样是为了让参与基本粒子理论的理论家能够专心写下各种拉格

朗日量, 并加以计算?

PHYS: 是的, 要么以描述现象为目的, 要么是为了一般性地了解拉格朗日量本身. 但是场仍然需要量子化.

PHIL: 哪个理论能预测质子衰变?

MATH: 规范理论: 它将电弱相互作用和强作用的拉格朗日量统一起来.

PHYS: 目前尚不清楚是否存在这样的理论, 并且可以肯定的是, 没有一个唯一的版本, 而是存在多个版本.

PHIL: 嗯, 有人会遇到非重整化的问题吗?

PHYS: 不. 但问题不仅在于它是不可重整化的. 还有其他问题.

MATH: 这实际上是物理学家的主要麻烦. 您永远无法从他们手中得到假设的清单或问题的列表.

PHYS: 如果我们从一系列假设开始, 我们仍将研究 $\mathbb{R}^3$. (不耐烦地) 而我们正在考虑现实.

PHIL: 我记得 EXP 说过, 您的理论中总存在错误.

MATH: 这无济于事. 在美国传统词典的 "理论" 词条的第 3 项意义上, 走到这个词条的第 1 项, 途中的死亡率很高; 一些理论死于内部矛盾, 另一些理论死于与实验的分歧.

PHYS: 最后, 根据以上想法, $N = 8$ 的超引力理论, 应将包括引力在内的所有相互作用结合在一起. 在形式上, 它是不可重整化的.

1.7　对话 7

PHIL: 我已经习惯了像您这样的理论家使用 "理论" 一词的含糊方式. 但现在我想回到 "范式" 这个词. 我再次试着把字典条目与您使用的单词进行比较. 可以说, 在给定科学的给定时期的范式是一组以类似方式构造的理论, 并且作为描述人尽皆知的 "现实" 的候选人, 这些范式彼此显然是相互竞争的. (转向 PHYS) 然后, 某些特定理论中断言的实现 "排除了其他理论同时实现的可能"① 这么说对吗?

MATH: 我认为情况大致如此. 美国的库恩在《科学革命的结构》("The structure of scientific revolutions") 一书中将 "范式" 一词引入了科学史 [1]. 没错, 在那里没有特别明确的定义, 但是后来, 你知道, 总是这样——演讲者或作者会去寻找他所观察到的现象的名称 (给定时期内, 研究者思维的范式性

---

① 译者注: 原文为法文 exclut la réalisation concomitant des autres.

的特征). 他借用了语言学家的术语, 然后提供了自己的定义, 也许这与他的基本意图不太吻合; 然而, 如果它们是相关的, 则该术语就开始被别人使用. 实际上, 我按照您所建议的意义去使用它, 但是在理论物理学中还有一个更深远的方面: 在物理的每个活动领域里, 都会使用某种确定的、拥有明确语法和字典的语言. 实际上, 在某时期中, 属于某个范式的理论的形成规则总是很严格的, (对 PHYS) 这样你们的理论家通常很少有什么自由可言. 事情就是这样. 当我谈论一个范式时, 我显然已经想到了这一事实, 有时我所说的范式只是指包含语法规则的字典, 而不是一个 "理论的集合". 我倾向于不仅将 "范式" 一词与理论本身联系起来, 即与 "物理学理论"① 联系起来, 而且与这种语言的产生机制, 即索绪尔 (Saussure) 的语言 (langage) 或言说 (langue) 联系起来 [2].

PHYS: 在我看来, 库恩自己并不太操心这个词是否可以作为术语. 有人告诉我, 如果您要一遍遍去复制他的书中所有带有 "范式" 一词的词组, 得到的结果将非常含糊.

MATH: 可能是这样. 但是我已经告诉过您, 我使用这个词时所指的意义, 而且我确实认为我一般不会滥用它. 顺便说一句, 在库恩著作的某些地方有一些类似的例子. 但是无论如何, 当我们试图把术语确定下来的时候, 我们并不再需要研究库恩的著作. 相反, 我们必须在术语存在的实际环境中来理解该术语.

PHYS: 所以, 尽管如此, 当您使用 "范式" 一词时, 您是什么意思: "言语" (la parole) 或 "语言" (la langue) 或 "言语活动" (language)? 也就是说, 您是指一组理论或 "生成性的原理", 还是理论的词典和语法? 如果您指的是生成原理, 那么它定位在哪里? 在理论家的心中?

MATH: 我认为, 目前我们可以对已达到的严格程度满意了.

PHIL: 理论物理学是一门相当年轻的科学. 我最近看到一种意见, 认为牛顿的《自然哲学的数学原理》标志着理论物理学的诞生. 而且, 科学的研究完全处于幼年阶段.

MATH: 大体上是这样, 尽管同一位作者在他书中的其他地方写道, 第一个物理理论是欧几里得 (Euclid) 的几何学 [3], 在这方面我们也可以同意他的观点; 特别地, 这也正是冯·诺伊曼 (von Neumann) 的看法——他偶然发现牛顿《自然哲学的数学原理》直接模仿了欧几里得《几何原本》的形式 [4]. 事实上, 阿基米德 (Archimedes) 的静力学和托勒密 (Ptolemy) 的几何光学也完全属于 "理论". 我认为, 如果没有古代后来的政治和意识形态灾难, 那么我

---

① 译者注: 原文为法文 la parole de la physique théorétique.

们可以将欧几里得的几何学视为第一个物理理论. 但时钟已经停滞了很长时间 [5].

PHYS: 希腊人没有实验方法.

MATH: 看一下多夫曼 (Dorfmann) 物理学史中光学实验的相关论述吧.

PHYS: 您认为希腊科学中缺乏实验方法是一桩神秘的事情吗?

MATH: 这里一直存在误会. 例如, 从公元 2 世纪到 16 世纪, 欧洲科学陷于停滞. 在 15 世纪或 16 世纪之前, 亚里士多德受到了过高的重视, 而随着时间的推移, 人们认为应该强调实验式证明的主导地位.

PHYS: 实际上, 发展方向发生了很大变化. 从表面上看, 希腊学者认为, 一切论题的最终真理都可以由理性论证达到. 最终, 它应该在讨论过程中变得不言而喻.

MATH: 那您把什么称为理性论证?

PHYS: 好吧, 大致来说, 这就是拉卡托斯 (Lakatos) 所说的证明和反驳方法 [6]. 可以说, 辩证的过程导致对概念的最终澄清.

MATH: 在我看来, 现代的理论家有时会沉迷于此.

PHYS: 是的, 在很大程度上如此; 但是有了它们, 规则就改变了. 通常, 他们不希望获得 "确定的" 理论, 而是对有唯象性质并描述客观现实中某些片段的临时理论感到满意. 这种理论的合理性不是其逻辑上的必要性, 而是出于经验上的真理性. 而且, 该理论的基本前提可能很奇怪, 即使是理论创建者也不会喜欢. 例如, 牛顿完全不喜欢超距作用的万有引力, 但他从实验中知道它确实描述了客观现象. 原则上, 他很可能不相信引力作用是主要的事实, 但他已做好准备, 接受把它作为描述现象的方法. 换句话说, 出现了唯象学的取向.

PHIL: (并非没有恶意地) 那么, 这难道不是在大自然及其创造者面前的基督徒式的谦卑吗?

PHYS: 我无法证明这个假设是错误的.

MATH: 但是, 您实际上是否认为 QFT 的当前范式也是一种唯象理论, 必须用带有另一种语法和另一种句法的另一种理论去替换它? 爱因斯坦希望有一个确定的理论.

PHYS: 爱因斯坦不同意从经典场论范式到量子力学范式的转变. 他总是认为自己是直接在思考神圣的真理, 事实证明他所思考的根本不像量子力学.

PHIL: 在这里, 您再一次谈论到量子力学, 而不是量子场论. 因此, 您能否清楚指出哪个是哪个?

MATH: 这里有一些微妙之处. 严格来说, 理论物理学中只有两种语法或语言. 经典哈密顿体系的语法, 或者说哈密顿力学的语言 (或简称为经典力学); 以及量子力学的语法或语言. 但是有些系统的自由度数目有限; 例如, 行星和太阳, 还有经典电磁场类型的系统. 后者同样是哈密顿系统, 但有无限个自由度. 量子力学也是如此. 它的语言可以应用于有限数量的自由度, 例如具有 n 个电子的原子, 也可以应用于具有无限数量的自由度的系统, 例如电磁场. 在第一个例子中, 我们要处理 "非相对论" 的量子力学, 而在第二个例子中, 我们要处理量子场论.

PHIL: 在这里, 有相对论吗?

MATH: 对于物理理论而言, 其对称群至关重要. 经验告诉我们, 存在一个普遍的对称群, 即庞加莱群 "P". 正如他们所说, 这是狭义相对论理论的时空对称群. 如果我们希望构建相对于 P 不变的理论, 或者简称为相对论性理论, 那么我们就必须考虑场论, 即经典场论或量子场论.

PHIL: "在某些 (变换) 群下不变的理论" 是什么意思?

PHYS: 这意味着理论的方程式在群元素作用下仍然变换到自身. 让我用一个类比来澄清这一点吧. 在 $x' = \cos\theta \cdot x + \sin\theta \cdot y, y' = -\sin\theta \cdot x + \cos\theta \cdot y$ 的变换 (或变量代换) 下, 半径为 r 且中心为原点的圆的方程 $x^2 + y^2 = r^2$ 变为自身 (即, 保持其形式).

PHIL: 那么您的那些 "场论" 方程是否与此方程相似?

PHYS: 不太相似. 圆的方程描述了一个具体的对象, 而场论的等式则是无穷多种情况, 这些情况通常可以用理论的语言来描述.

PHIL: 您能说得更清楚一些吗?

MATH: 好的. 这些方程式的构建方式使得人们需要在 $t = 0$ 时刻 "定义初始状态", 而方程式则可以预测其演变. 实际上, 在古典理论中, 可以用理论语言描述的任何情况都是可以接受的, 而在量子理论中, 情况并非如此; 这些方程式决定了哪些初始状态是允许的. 从某种意义上说, 这也可以用以下语言来叙述: 人们不会尝试将值分配给那些非对易量子算符表示的经典量.

PHYS: 我想回到范式的概念. 在我看来, 无论库恩的真实意图是什么, 他都以一种更为有趣的方式理解了范式一词. 对他来说, 这是某种社会学概念、是一组调查人员所接受的规范: 可以这么说, 这组规范会界定什么是正确的和什么是不正确的. 这是该群体的重点, 也许也是 "科学行为" 的非理性方面. 某些事情被认为是正确的, 并不是因为有人知道支持该观点的理性论据, 而仅仅是因为这就是他所在的群体所做的.

MATH: 可能是这样. 但可以肯定的是, 任何科学的发展过程中都始终存在着这一因素.

PHYS: 库恩还有另一个有趣的 "学科矩阵" 概念. 粗略地说, 它包含诸如 "符号推广" (symbolic generalization)、"形而上学范式"、"价值"、"样本" 之类的组成部分. 前两个词大致指的是 "理论的基本概念" 和 "关于现实的思想", 而后两个词的含义则相当明显.

PHIL: 这些所谓的 "价值" 到底是什么?

PHYS: 库恩不是一个表述很明晰的思想家. 我可以想象到, "价值" 是给定群体或给定调查者的偏见. 例如, 爱因斯坦认为应该保留对系统的时空描述, 并且由于量子力学不能满足他的关于这种描述应如何起作用的偏见, 因此他不接受量子力学. 我不希望 "样本" 一词给您带来任何困难. 让我们以 QED 为例. 这是电弱相互作用理论的 "模型". 看来, 库恩最初是通过 "范式" 理解了他后来提出的所谓 "学科矩阵". 如果人们通过范式理解以上四个组成部分的全部集合, 那么它所包含的内容将比仅仅说 "量子场论的语言" 更丰富.

MATH: 即使是数学上的构造, 也不容易以完全形式化的方式完全描述. 也许您想找到科学史上被理想地规范了的术语, 并给出理想地清晰的模型?

PHYS: 当然不是. 而且, 我非常相信这不可能. 科学的创造是人类活动的一种形式, 而就像任何人类活动一样, 它至少可以被纳入一个严格的框架中. 研究人员的活动比科学爱好者们所认为的自由得多, 也更少地受范式的约束. 实际上, 每个理论家都从他研究过的文献和他的老师那里获得了一些关于已知概念、图像和理论的知识. 然后, 一切就取决于他打算做什么. 他可能会致力于在一些已经了解基本原理的领域中研究, 例如刚体理论 [7]. 此外, 他将知道他的研究对象由具有集团化 (collectivized) 或未集团化电子的原子组成, 并且量子力学在这里是有效的. 他的常规科学已为他指定了范围, 但在此框架内, 他能取得显著的成果, 例如, 他可以构造出一个美丽的超导理论.

从完全不同的角度来看, 关注基本粒子的理论家只是不知道他的范式将持续多久 (迄今为止, 这个范式仍是量子理论). 他已为灾难做好了充分的准备——原则上他认为这灾难是值得的; 也就是说, 当他看到一个新大陆的朦胧海岸, 即 "新范式" 时, 这就是他的 "真理时刻". 在此之前, 他当然会尝试应用旧的范式来解释新的现象; 他之所以会这样做仅仅是因为他别无选择. 这可能被证明是成功的; 范式的适用范围可能比人们预期的更广泛.

此外, 实践中的理论家, 特别是在提出新的研究领域的早期阶段, 将采取很非正式的行动. 与已经被先验地认为的相比, 他的图像将更少被范式束缚. 他将准备好混合所有他的范式, 旧的、新的以及他个人的范式, 如果他只是为了获得成功.

PHIL: 我已经听说过一些细节. 但是我想以某种方式更系统地了解量子场论.

MATH: 我试图写过一篇关于量子场论的小型民意调查. 您想试着读读它吗?

PHIL: 当然. 但是, 我想再次听到您自己所说的范式; 忘了库恩吧!

MATH: 嗯, 粗略地说, 我所说的给定的科学发展时期的范式, 指的是理论[1]中使用的基本概念和语法规则的最深层次. 目前看来, 对于理论物理学来说, 这些就是量子场论的概念和规则.

PHIL: 场是否定义在时空中?

PHYS: 是的. MATH 会说, 它定义在空间 $\mathbb{R}^4$ 中.

MATH: 实际上, 理论家早前已放弃了 $\mathbb{R}^4$. 它们在超空间和任意维的空间中工作.

PHYS: 这些都是模型或推测; 我们生活在 $\mathbb{R}^4$ 空间中.

MATH: 实际上, 如果您看一下爱因斯坦的广义相对论, 就会发现这不再正确.

PHYS: 局部上看, 这与 $\mathbb{R}^4$ 相同. 无论如何, 只要我们要处理已与现实建立联系的理论, 我们为这些理论唯一使用的就只是 $\mathbb{R}^4$. 多维空间和超空间仅仅是无法解释的荒诞幻想.

PHIL: 我看到, 在这种范式中每件事情都还不是很清楚.

MATH: 你是对的, 确实并不清楚. 我们一直在考虑的一切都是各种场论. 变量的类型、空间的维度和空间的拓扑都有各种扩展, 这些是使用 "语言" 进行的相当简单的实验. 这些只是每个时期的范式化思维的例证. 无论如何, 我们必须承认, 从经典范式到量子范式, 语法和语言发生了比现在为扩展理论框架而尝试的更为深刻的变化.

PHIL: 您怎么称呼经典的范式? 它是经典力学的语言吗?

MATH: 如果我们进行认真的分析, 那么回答是肯定的. 归根结底, 在 19 世纪, 除了有心力场力学, 在概念的基本体系中没有其他的语言.

PHIL: 但是实际上, 在 19 世纪, 麦克斯韦方程已经广为人知, 可以认为这是一个新的范式, 即经典场论范式.

MATH: 啊, 但大家相信麦克斯韦方程组背后站立着以太的力学.

---

[1] 译者注: 此处 "理论" 一词的原文为德文 Theorienbildung.

PHYS: 当然是这样. 但是所有上述这些表明, 有可能从一种范式不知不觉地过渡到另一种范式.

PHIL: 好吧, 让我们再粗略地看一下历史. 这些基本范式一共有多少种? 最后, 我们只能对经典场论有所了解. 假设有三或四个: 中心力的经典力学、经典场论、非相对论系统的量子力学和场的量子力学. 你还能想到什么别的吗?

MATH: 也许可以吧. 有古老的原子论. 它的基础是非常简单的理想化, 即理想硬质实体的概念. 卢克莱修提出的原子理论也是一个范式系统, 而且这个系统非常了不起 [8].

PHYS: 哦, 拜托! 其中基本上没有什么科学知识. 这更多的是一种哲学.

MATH: 是的. 在这种范式中几乎没有什么可以描述的, 但是无论如何, 当麦克斯韦写他关于气体动力学理论的第一篇文章时, 他实际上是在这种范式中工作的, 而且这完全经过了深思熟虑 [9].

PHYS: 也许是这样. 但是, 当然, 转移到有心力场的范式, 对他来说并不构成任何困难.

MATH: 当然不构成困难, 因为他很了解这个范式. 总体而言, 科学思维的范式本质几乎是一种语言上的事实; 我们受到周围所有人发言中的科学语言的词汇和语法的限制. 即使在尝试扩展语言的过程中, 我们也同样受到资源, 比如数学资源的限制.

PHIL: 那么, 语言的变化是如何发生的呢? 您说量子理论是一种完全不同的语言. 它是怎样产生的?

PHYS: 实验的力量使人们将新的含义转移到旧的词汇表上, 甚至从根本上引入了崭新的概念和图像, 例如海森伯的 "表" (Tableaux), 后来证明是算符构成的矩阵. 随着语言的发展, 我们已了解了希尔伯特空间的语言. 而这又完全是另一个故事了.

PHIL: 很好, 但是如果您谈论已经存在的范式, 那么当然在每个阶段, 字典和语法都是相当广阔的. 您如何看待基本范式?

PHYS: 特定领域的大多数专家也许对此问题不太在意. 他们出于信任接受词汇和语法, 并关心一些具体的问题. 但从更深层次上讲, 这里似乎存在问题, 例如其潜在的完备性、封闭性、可归约性以及其表述的无矛盾性. 例如, 在 19 世纪初, 理论家们终于 "知道", 可以从原子理论和有心力的力学中推导出连续介质的力学, 而他们甚至全神贯注于这些问题; 也就是说, 他们以力学范式为基础. 另一方面, 连续介质力学的实际语言很难被接受为基础知识, 大家宁愿把它看成可以从有心力的力学中推导出来的. 亥姆霍兹从有心力的力学中推导出了能量守恒定律 [10]. 所有人都很可能完全理解, 有心力的力学可以说是一个完整的封闭方案 (scheme), 也就是说, 如果给定了力和质量, 那么就可以计算出运动.

1.8 对话 8

PHIL: 我看过主持人 (host) 的详尽文章, 但我认为我只了解一件事: 基本粒子的现代理论简化为某些不太复杂的 "拉格朗日量", 这是计算 "费曼图" 所必需的, 并且 (转向 MATH), 对于像您这样的熟知现代数学语言的人来说, 这一切都可以在 80 页以内解释. 在我看来, 您似乎还认为, 计算 "横截面" 和 "寿命" (它们在某种意义上是 "可观察的") 的数学过程是没有根据的. 但是, 在您最近与 PHYS 讨论 "汤姆孙散射截面" 后, 给我留下的印象是, 在写下 "拉格朗日量" 后, 规则本身可以很简单地陈述.

PHYS: 是的. 这正是所有学生所做的. 原则上, 可以通过耐心地将矩阵相乘并 "取迹" 来计算 "汤姆孙" 横截面[1].

PHIL: 什么叫作 "迹"?

MATH: 矩阵 A_{ik} 的迹指的是 $\sum_{i=1}^{d} A_{ii}$. 其中 d 是其维数. 迹记作 $\mathrm{tr} A$.

PHIL: 这就是全部吗?

PHYS: 是的. 但是, 如果您想更清楚地了解 "费曼规则" 是什么, 请阅读他著名的小册子《基本相互作用》("The fundamental interactions")[2].

MATH: 昨天我试图计算汤姆孙的 σ, 但我没有在书中得到答案.

PHYS: 那么, 您一定在某个地方犯了错误.

MATH: 我意识到了这一点. 但是, 如何在如此冗长的计算中发现错误呢?

PHYS: 在每步计算中, 考虑当 $\omega \to 0$ 时的极限!

PHIL: 我认为您正在远离重点. 现在, 我对运算不感兴趣, 但我想了解一下您对方法是否正确的看法: MATH 说得对吗?

PHYS: 当然不对了. 牛顿和拉普拉斯在庞加莱引入渐近级数概念很久之前就计算了行星的运动, 并且在庞加莱解释了它们的级数不是收敛级数而是渐近级数以后, 他们的计算丝毫没有变得更坏. QED 中的级数极准确地 (准确度高达 10^{-9}) 描述了可观察的数据. 谁也无法忽视这一事实.

MATH: 但是您完全知道该理论并不封闭. 在短距离处, 电荷会增加, 即使是您, 在必须足够大的能量和动量传递下, 也要放弃对相同 $\sigma(\gamma+e \to \gamma+e)$ 的计算.

PHYS: 嗯, 基本上我不喜欢这些级数, 但是在它们的帮助下, 第一阶近似的结果可以得到很大的改善.

MATH: 但是, 一旦理论没有逻辑上的封闭性, 那么, 当然, 您将不知道过程的精度, 并且您将完全意识到 QED 无法无限地改进.

PHYS: 物理过程的准确性问题从来都不是很重要. 我们总会以某种方式发现, 在意识到理论的数学局限性 (这种局限性也可能不存在!) 之前, 我们遇到了物理上的局限性. 因此, 例如, 针对 γ, e 系统的 QED 的数学上的限度出现在 $E \sim m_0 \exp(3\pi/2\alpha)$ 处. 这相当于能量 $E \sim 10^{28}$ MeV. 在 QED 中, 这种能量——在这种能量下, 理论应该不再适用——通常用 Λ 表示; 因为现在有许多不同的 Λ, 所以我将其称为 Λ_{LP} 以纪念朗道和波美拉楚克 [3].

MATH: 但是不要忘记, 存在 Λ 仍然意味着理论不能是精确的.

PHYS: 是的! 从逻辑上讲, 我应该说, 当我们在 Λ_{LP} 区域时, 该理论应该 "改变". 这意味着如果我要在能量 E 处进行实验, 那么我将不得不进行一个 E/Λ_{LP} 类型的校正, 其中 $b > 0$, 或更好的是 $b > 2$. 显然, 我们不必为此担心.

MATH: 我为您的轻松态度感到惊讶. 您怎么知道 b 不等于 10^{50}, 或者, 比如说, 不等于 1?

PHYS: 我从实验中知道它不等于 10^{50}; 否则, 不会有任何 QED! 我也从模型中知道 b 不等于 1. 我说的是使理论变得有限的方法, 即泡利–维拉斯 (Villars) 正则化 [4]. 我已经在此正则化中计算了校正量, 并得到了与此类似的答案.

PHIL: 如果您有一种使理论变得有限的方法, 那么为什么不站出来声称, 它实际上是正确的理论呢?

PHYS: 因为当 $E > \Lambda_{LP}$ 时, 泡利–维拉斯正则化变得没有意义, 因此这毕竟只是一个模型. 实际上, 这已不再是问题. 物理学已经解决了它!

MATH: 您是什么意思?

PHYS: QED 现在包含在 QFD 中, 而 QFD 则包含在 GUT 中. GUT 在短距离内渐近自由, 因此没有问题.

MATH: 这一切都非常出色, 但是您当然知道, GUT 在希格斯区表现不佳.

PHYS: 那么好的. 您在此处进行截断, 看看校正是否在 $E \to 30$ GeV 时较大. 而且您非常清楚希格斯区是一个特别的唯象学构造. 我不再想将紫外

灾难视为当前的物理问题······

    PHIL: 你们都多次提到 "QED 级数" 是渐近的. 看来它不如 "收敛级数" 好, 但它究竟是什么?

    MATH: 嗯, 您会看到, 总是在原点附近通过导数展开给定的函数[①],

$$f(x) = \sum_{n=1}^{\infty} \frac{1}{n!} f^n(0) x^n,$$

而这个级数有时收敛有时发散. 但是每个级数都是某些计算程序的代码, 如果级数发散, 那么这只会改变程序本身和对程序结果的解释. 渐近发散的级数也让人们可以说出函数的一些事情.

    PHYS: 那么, 渐近级数也是关于其导数的级数吗?

    MATH: 当然. 形式幂级数 $f(x) = \sum c_n x^n$ 可以在原点进行微分, 这将得到 $c_n = \frac{1}{n!} f^n(0)$.

    PHIL: 我想知道发散级数怎样表示和为什么会表示一个函数. 我知道几何级数 $\sum_{n=0}^{\infty} x^n$, 而且我也知道如何使用它并得到

$$\sum_{n=1}^{N} x^n = \frac{1 - x^{N+1}}{1 - x} = S_N,$$

并且我知道

$$S_N \to \frac{1}{1-x}, 当 N \to \infty 时,$$

并且对于给定的 $|x|$, 我可以取足够多项, 得到任意所需精度的 $f(x)$. 但如果级数是发散的, 我们该怎么办?

    MATH: 渐近级数并不唯一地定义一个函数. 对于给定的渐近级数, 有无穷多个函数与之对应.

    PHIL: 但是毕竟, PHYS 通过级数方法计算出了可观测量, 而他以某种方式将该级数视为渐近的.

    MATH: 渐近级数的前 N 项的部分和收敛于 $f(x)$, 当 $x \to 0$ 时. 在这里不是对 N 取极限, 而是对 x 取极限.

    PHIL: 我理解您的定义, 但是我不知道实际上是从何处得到这类级数的, 以及为什么, 级数和函数之间的对应关系不是唯一的, 其部分和仍然可以逼近这个函数.

---

① 译者注: 原文如此. 此处 $f^n(0)$ 实际上表示 $f(x)$ 在 0 点的 n 阶导数, 下同.

MATH: 不幸的是, 我所知道的最简单的例子有些人为. 这是级数 $\sum_{n=0}^{\infty} n! \cdot x^{n+1}$. 它满足微分方程 $xf'(x) = f(x)$. 您去求解该方程式, 并且寻找幂级数形式的解. 然后, 您将得到上述级数, 它们显然是发散的, 但在如前所述的意义上, 它会逼近真正的解. 天体力学的微分方程的情况有些复杂, 但与这个例子相似.

PHYS: 很容易理解为什么 QED 中的级数是渐近的. 在 n 阶费曼图中, 可以用 n 种方式粗略地插入多条光子线. 因此, 不同图的种类数的增长速度为 $n!$ 阶. 因此, 该级数与级数 $\sum n! \alpha^n f_n(E)$ 相似.

MATH: 这实际上已被证明了吗?

PHYS: 对于某些简单的拉格朗日量而言, 是的.

PHIL: 但是即使如此, 为什么收敛级数仍然逼近函数, 而 $f_n(E)$ 又是什么呢?

PHYS: 我可以举一个具体的例子, 您会看到, 例如, S_1 和 $f(x)$ 之差趋于 0, 当 $x \to 0$ 时. 例如, 对于由积分 $\int_0^{\infty} \exp(-u) u^{x-1} du$ 定义的所谓 $\Gamma(x)$ 函数, 这个操作是很简单的. 我认为这里的情况类似于 QED 中的情况, 其中也出现了类似于 $\exp\left(\int i\mathfrak{L}_{int} d^4 x\right)$ 的级数, 并且 $\mathfrak{L}_{int}$ 包含电荷 e 作为因子. 我们假设该级数对 e 是渐近的, 也就是说, 在理论中, 其第一项误差小于 $O(e^{2n+2})$ 地逼近真实答案. 关于 $f_n(E)$, 我以符号的方式写过. 振幅的第 n 阶项的得数取决于入射粒子和出射粒子的质量、能量和动量, 并且一般来说, 取决于四维动量以及内部和外部的所有质量.

MATH: 我认为这里没有什么可补充的.

PHIL: 但我还是想知道, 对粒子为何是场的量子的某种解释. 要理解为什么会这样, 我是否需要在学习怎样使用怪异的丛和流形的语言之后, 才能进行交谈? 在年轻的时候, 我学习过四个学期的物理学和数学, 希望这些对我有用.

PHYS: 真出色. 我不需要更多. 您当然知道什么是场.

PHIL: 哦, 当然. 例如, 人体中的温度场由函数 $T(x, y, z, t)$ 给出.

PHYS: 是的, 但是在物理学中, 一个场通常不是由某一个量定义的, 而是由多个量定义的. 因此, 狄拉克场由四个复数 Ψ_1、Ψ_2、Ψ_3、Ψ_4 定义.

PHIL: 难道没有什么场是由单个函数描述的吗?

PHYS: 对于真实的物理, 我们无法简单地回答; 所以我想答案并不确定. 但是, 如果我们谈论的是 QFT 的形式化结构, 那么就有可能考虑这样一个简单的"场论". 它是真正的"标量场 $\phi(\mathbf{r}, t)$".

PHIL: 真出色! 您可以"量子化"这个场吗?

PHYS: 让我们试试. 但是首先, 我们必须澄清该场的经典理论. 假设场 ϕ 随时间的变化由以下方程给出:

$$\frac{\partial^2 \phi}{\partial t^2} - \frac{\partial^2 \phi}{\partial x^2} - \frac{\partial^2 \phi}{\partial y^2} - \frac{\partial^2 \phi}{\partial z^2} + m^2 \phi = 0.$$

PHIL: 我记得我的物理课中有类似的事情. 我记得该方程式可以简写为

$$\Box \phi + m^2 \phi = 0.$$

PHYS: 甚至在 QED、或者甚至在 QM 的逻辑装置出现之前, 德拜 (Debye) 就量子化了振动的简正模式, 这最早可追溯到 1910 年.

PHIL: 什么是简正模式?

PHYS: 我们有一个依赖于 $\mathbf{r}$ 和 t 的场 ϕ; 但是, 目前现实空间具有三个维度的事实并不重要. 因此, 假设我们的时间和空间都是一维的. 那么我们的方程变成了什么呢?

PHIL:

$$\frac{\partial^2 \phi}{\partial t^2} - \frac{\partial^2 \phi}{\partial x^2} + m^2 \phi = 0. \tag{1.8.1}$$

我想我知道这个方程式; 它是弦振动的方程.

PHYS: 不完全一样. $m = 0$ 的情形对应于弦振动. 但是, 假设方程式 (1.8.1) 描述了一个在点 0 和 L 处固定的弦线, 这并没有什么害处 —— 那么简正模式就是弦线的简谐振动, 其中 ϕ 在每一点根据相同的规律 $\phi = A \sin \omega t$ 变化.

PHIL: 但是这些振动能否由下图类型的驻波 —— 带有一个波腹或两个波腹, 以此类推 —— 合理地表示出来?

PHYS: 可以. 一般的运动是此类由"傅里叶级数"

$$\phi(x, t) = \sum_{n=1}^{\infty} \sqrt{\frac{2}{L}} q_n(t) \sin \frac{\pi n x}{L}$$

描述的运动的叠加.

PHIL: 我认为这里没有物理学. 满足 $\phi(0, t) = 0$, $\phi(L, t) = 0$ 的任何量 $\phi(x, t)$ 都可以这样表示出来.

PHYS: 当然没错. 但是其中的物理是, $q_n(t)$ 满足简单的微分方程

$$\ddot{q}_n + \omega_n^2 q_n = 0,$$

其中

$$\omega_n^2 = \sqrt{m^2 + \left(\frac{\pi n}{L}\right)^2}.$$

PHIL: 这个方程我很熟悉, 它是谐振子的方程. 当然, 它的解是 $q = q_0 \sin(\omega t + \alpha)$, 其中 q_0 和 α 是任意的.

PHYS: 是的, 当我们在二维或三维中以简正模式展开时, 此类方程式一直在经典场论中出现.

PHIL: 但这是用于空腔内的振动或膜振动的. 不要忘记, 对基本粒子理论, 我们实际上需要考虑无限空间中的场.

MATH: 理论家们总会为纯粹形式化地引入理想对象而产生的本体论幽灵而忧心忡忡. 这个现象非常有趣, 它与形式上的存在和物质上的存在有关.

PHYS: 是, 也不是. 一切事情都既变得更加复杂, 也变得更加简单. 已经抛弃了我们的专家 EXP 通常在封闭的建筑物中进行实验, 该建筑物的墙壁能完美地吸收光子、强子和轻子 (除了中微子). 因此, 腔近似甚至可能是一种更好的理想化.

MATH: 但是您钟爱的空腔对应的是反射而不是吸收.

PHYS: 是的, 但是让我们去一个有反射墙的实验室. 是的, 最终, 宇宙或许是有限的. 在完成对内衬有镜子的实验室的计算之后, 如果 $L \gg \lambda$, 则我可以验证答案是否与其尺寸 L 无关, 其中 λ 是粒子的波长.

MATH: (对着 PHIL 说) 您必须习惯理论家令人惊讶的不合理性, 并且他们不愿清楚地解释他们的模型! 这可以帮助他们工作.

PHYS: 在您的准许下, 我现在将写下我的弦振动的总能量. 它的形式为 $T + U$, 其中 T 是动能, U 是势能; 它们分别等于

$$\int_0^L \frac{1}{2}\left(\frac{\partial \phi}{\partial t}\right)^2 \mathrm{d}x \ \text{和} \ \frac{1}{2}\int_0^L \left[\left(\frac{\partial \phi}{\partial t}\right)^2 \mathrm{d}x + m^2\right]\mathrm{d}x.$$

PHIL: 由牛顿方程, 其总和 $T + U$ 守恒, 但是系数 $1/2$ 是从哪儿来的?

PHYS: 这是由于历史原因或习惯约定. 常数的标准化是约定俗成的. 如果现在转到 q 变量, 则我们得到

$$E = T + U = \frac{1}{2}\sum(\dot{q}_n^2 + \omega_n^2 q^2).$$

PHIL: 是的, 我记得. 我了解到, 谐振子的能量始终是量子化的, 它等于 $N\hbar\omega$, 其中 N 是整数.

PHYS: 嗯, 实际上是 $\hbar\omega\left(N + \frac{1}{2}\right)$, 但是 $\frac{1}{2}$ 在这里不是很重要. 实际上这

意味着, 根据量子力学, 我们 "一维场" 中的弦的状态可由所有 N_n (即 "激发态") 来描述. 其中 N_n 由 n 编号, 对应 "所有" 谐振子. 然后, 其总能量为

$$E(N_1, \cdots, N_n, \cdots) = \sum_n \hbar\omega_n \left(N_n + \frac{1}{2}\right).$$

PHIL: 这是根据该模型运行 QFT 的基本结果吗?

PHYS: 是的. 但是目前, 我们还没有走得比德拜更远, 而是像普朗克 1900 年第一次所做的那样 "从实验中获得了这一点".

MATH: 我最近读到, 普朗克并没有为谐振子引入离散的能级 [5].

PHYS: 严格来说, 他没有做, 但我不想卷入这些历史细节.

PHIL: 为什么这些 "激发态" 是 "粒子"? 毕竟, 由 n 刻画的简正振动模式是非局域的. 场在整个腔体内变化. 难道它们仅仅是符号化的谐振子, 而不是真实存在的吗?

PHYS: 如果您从驻波转到行波, 并计算 $N_n = 1$ 对应激发态的场动量, 则您会得到 $p^2 = \pm\sqrt{\omega^2 - m^2}$ (符号由波的方向确定), 根据相对论, 它是质量为 m 且能量为 ω 的粒子. (我们一劳永逸地假设, 已经恰当地选取长度和时间单位, 以使 $h = 1$ 和 $c = 1$.) 如果现在引入场与吸收体的相互作用, 那么我们发现, 当吸收处于第 i 个态的一个量子时, 所吸收的能量为 ω_i, 动量为 p_i,

MATH: 然而, 粒子应该 "在一点处" 被吸收和发射, 但在您的描述中并非如此.

PHYS: 等我谈到关于量子理论中如何正式描述能量为

$$H = \frac{1}{2}\sum(\dot{q}_n^2 + \omega_n^2 q_n^2)$$

的系统时, 我们将会回到这一点. 但就目前而言, 值得记住的是, 只要量子被能量–动量 (ω, p) 的精确值所刻画, 则它绝不会定域在时空中的任意一点. 这是不确定性原理的极端情况.

PHIL: 我完全可以确定, 现在该暂停解释这些, 并去喝点茶了.

1.9 对话 9

PHIL: 在上一次谈话中, 我了解到空腔中的场可以表示为一个无相互作用的谐振子系统, 根据量子力学, 其中每个谐振子的能量为 $E = \hbar\omega(N_n + 1/2)$. (对 PHYS) 但是您后来就转而诉诸实验和普朗克的工作. 但是, 自洽的 "量子化" 理论必定存在吗?

MATH: 严格来说, 这类问题的陈述前后不一致. 从逻辑上讲, 我们应该从量子力学开始.

PHYS: 实际上, 我们应该从量子场论开始.

MATH: 是的, 从量子场论开始, 可以推导出经典场论和经典力学.

PHYS: 好吧, 即使从逻辑上讲, 这也不是那么简单. 首先, 量子力学与经典力学之间的关系, 比诸如物理光学 (或波动光学) 与几何光学之间的关系要复杂得多. 几何光学可以从物理光学 "推导" 出来, 作为描述某些种类的光学现象的方法, 在特定条件下有效; 但在量子力学中情况更加复杂. 以下类型的语句: "对处于状态 X 的系统, 对物理量 A 的测量将以概率 w_i 得到值 A_i", 在量子力学的语言中通常是无法表达的. 抽象地说, 我们可以进入量子世界而无须求助于朗道和利夫希兹所著书的 §7 中的著名的 "经典仪器". 但是, 这个量子世界与现实世界完全不同, 而我们必须一直处理现实世界, 并由 EXP 在其中进行实验. 因此, 在 QM 的典范版本中, 涉及经典仪器的 "公理" 作为独立部分包含在理论中. 它不能从剩下的公理推导出来 [1]. 其次, 物质 (固体或原子) 之所以能够稳定存在, 本身就是量子效应的结果. 因此, (对 MATH 说) 并不存在由一连串理论所构成的序列, 其中每一个理论都可由前一个理论推导出来.

MATH: 好吧, 也许是这样. 但是, 即使是您也必须同意, 如果系统的哈密顿量已知, 并不能唯一地定义它的量子类似物; 这是一个模棱两可的程序, 从这个意义上说我是对的. 有许多不同的量子哈密顿量给出相同的经典哈密顿量. 这意味着我们需要立即从量子哈密顿量开始, 然后从中获得经典哈密顿量.

PHYS: 在一般情况下, 也许您是对的. 但从历史上看, 我们是从经典谐振子转到了量子谐振子, 在我看来, 在这种情况下, 不存在此类问题. 实际上, 历史和实验使我们熟悉了经典谐振子, 然后再通过实验, 我们猜到了量子理论的规则.

MATH: 值得注意的是, 在这一点上, 理论家们总是与虚构的事物打交道; 亥姆霍兹、洛伦兹和普朗克处理的谐振子肯定在原子中不存在.

PHYS: 但是, 您完全清楚, 当您用光去扰动接近平衡态的系统 (即原子) 时, 其状态与平衡态的偏差可以展开为所有其他态的和, 这样系统总是像谐振子系统. 亥姆霍兹和洛伦兹色散理论的成功当然不是偶然的. 色散的量子理论很好地再现了它们 [2].

MATH: 是的, 但在这里, 给定频率的物质性的谐振子消失了; 在量子理论中代表它们的事物是 "从基态到给定激发态的跃迁". 令人惊讶的是, 当物理学家研究 "光与物质的相互作用" 时, 他们正在研究并不存在的振子.

PHYS: 但是, 毕竟, 德拜发现现有的谐振子是彼此相同的, 它们是腔体中的简正振动模式 [3]. 洛伦兹的虚构振子的性质非常类似于色散理论中真实跃迁的性质. 洛伦兹甚至能够利用电子振子来构造正常塞曼效应的理论.

MATH: 是的, 这意味着从庞加莱到朗德 (Landé) 和古德斯米特 (Goudsmit) 的理论家不得不为反常塞曼效应感到苦恼 [4]. 所以从本质上讲, 洛伦兹理论与实验的一致性是偶然的!

PHYS: 既是, 也不是. 其实, 他对于谱线分裂的表达式在相差一个数值因子的意义上是正确的!

PHIL: 我认为我们最好回到以下哈密顿量

$$H = \frac{1}{2}(\dot{q}^2 + \omega^2 q^2).$$

它的 "量子化" 是什么样的?

PHYS: 我想从另一个 "虚构" 开始; 即使振子具有无限数量的能级 1, $2, \cdots, N, \cdots$, 但我想向您描述有限能级 k 的量子力学. 对于这样的系统, 其 "状态" 可以简单描述为具有复数分量 $(c_1, c_2, \cdots, c_k)^{\mathrm{T}}$ 的 k 维复数列向量 $\mathbf{c}$. "可观测量" A 是 "算符", 在这种表示下它是一个厄米 (Hermite) $k \times k$ 矩阵 A, 即矩阵 (a_{ij}) 使得 $a_{ij} = a_{ji}^*$. 我们说向量 $\mathbf{c}$ 形成 "系统状态的希尔伯特空间". (对 PHIL) 我认为您熟悉向量空间的概念?

PHIL: 当然熟悉. 但是出现复数这件事情困扰着我; 毕竟, 在实验中, 测量值总是实数.

MATH: 量子力学中的状态不能直接被 "观察" 或 "测量" 到. 这里的关系更加复杂.

PHYS: 是的, 尽管这里实际上没有神秘之处. 我们需要引入另一个概念, 即标量积 $\langle \mathbf{c}'|\mathbf{c} \rangle$. 其定义如下:

$$\sum_{i=1}^{k} c_i'^* c_i = \langle \mathbf{c}'|\mathbf{c} \rangle, \tag{1.9.1}$$

其中星号表示复共轭. 数学家用变量上方的短横 (bar) 表示它. 您会注意到, 与标量积 $\mathbf{a} \cdot \mathbf{b} = \mathbf{b} \cdot \bar{\mathbf{a}}$[①]不同, 它不是对称的!

$$\langle \mathbf{c}|\mathbf{c}' \rangle = \langle \mathbf{c}'|\mathbf{c} \rangle^*. \tag{1.9.2}$$

---

① 译者注: 原文如此. 应为 $\mathbf{a} \cdot \mathbf{b} = \mathbf{b} \cdot \mathbf{a}$.

现在我们引入矩阵 A 的特征向量:

$$\sum A_{rl}\mathbf{c}_l^{(a)} = A^{(a)}\mathbf{c}_r^{(a)}, \tag{1.9.3}$$

其中 $A^{(a)}$ 和指标 (a) 枚举了矩阵的特征向量 "算子"A. 我们的朋友可以证明, 对任何一个厄米矩阵 A, 式 (1.9.1) 的意义上恰好有 k 个正交的特征向量, 并且所有 A^a 都是实数. 可以将这些向量归一化, 使得 $\langle \mathbf{c}^a|\mathbf{c}^a\rangle = 1$. 系统的任何可能状态都由归一化的 $\mathbf{c}$ 描述. 然后, 基本公理告诉我们: 在状态 $\mathbf{c}$ 下, 对于系统的数量 A 的测量总是给出值 A^a 之一, 其概率为

$$|\langle \mathbf{c}^a|\mathbf{c}\rangle|^2 = w_a. \tag{1.9.4}$$

PHIL: 上面谈到的是全部公理吗?

PHYS: 好吧, 严格来说, 我们还需要这些 "可观测量" 中的一个特殊选定的量, 即能量 H. 这也是一个 $k \times k$ 矩阵. 在薛定谔表象中, 向量 $\mathbf{c}$ 根据以下定律随时间变化:

$$\mathbf{c}(t)\rangle = e^{-iHt}|\mathbf{c}(0)\rangle. \tag{1.9.5}$$

PHIL: 为什么要说 "在薛定谔表象中"?

PHYS: 因为在薛定谔表象中, 可观测量的矩阵表示不依赖于时间. 相反, 我们可以使用 "海森伯表象". 在这种情况下, 状态 $\mathbf{c}\rangle$ 不依赖于时间, 而所有可观测量均根据定律

$$A(t) = e^{iHt}A(0)e^{-iHt} \tag{1.9.6}$$

改变. 很明显, 在薛定谔表象和海森伯表象中所有物理命题都是相同的.

PHIL: 但是, 我们如何识别系统中哪些是可观测量, 哪些是状态?

PHYS: 一般来说, 我们是靠实验来猜测的.

PHIL: 但是我们必须从某个地方开始.

PHYS: 确实如此. 海森伯是从谐振子开始的.

PHIL: 但是他研究的系统有无穷多个能级.

PHYS: 您认为可观测量矩阵也是无限的:

$$\begin{bmatrix} a_{11} & a_{12} & \cdots \\ a_{21} & a_{22} & \cdots \\ \vdots & \vdots & \end{bmatrix} \tag{1.9.7}$$

但在所有其他方面都像有限矩阵. 在各处, 您都会得到收敛的级数或积分, 而不是有限和.

PHIL: 很好. 但可观测量是什么? 在哈密顿力学中, 我们有 q 和 $\dot{q}$. 而现在我们有了矩阵, 甚至是无穷维的矩阵. 我们如何识别出它们?

PHYS: 嗯, 我是被这样教的: 取 "与 q 共轭的正则动量 p", 对于谐振子, 我们得到

$$p = \frac{\partial H}{\partial q} = \omega^2 \dot{q}.$$

您假定 "对易关系" 为

$$[p, q] = -i\hbar, \tag{1.9.8}$$

然后用 p 和 q 表示 H, 得到

$$H = \frac{1}{2}(p^2 + \omega^2 q^2). \tag{1.9.9}$$

然后我们可以从 (1.9.8) 和 (1.9.9) 式出发, 代数地定义矩阵 a, p 和 H. 此外, 我们还可以把 H 对角化, 得到

$$H = \begin{bmatrix} H_{11} & & & \\ & H_{22} & & 0 \\ & & \ddots & \\ & & & H_{NN} \\ 0 & & & & \ddots \end{bmatrix}, \quad H_{NN} = h\omega\left(N + \frac{1}{2}\right). \tag{1.9.10}$$

MATH: 严格来说, 我们必须事先声明, 我们是在哈密顿量 H 已被对角化的前提下工作. 然后……

PHIL: 我可以想象这个代数会推导出这个条件, 但是 (1.9.8) 式是从哪里来的呢? 更一般地, 这些关于复数向量和复数矩阵的奇怪假设从何而来?

PHYS: 嗯, 您瞧, 理论物理学已经完全放弃了柏拉图 (Plato) 时代人的期望——即一切都从理性论证出发. 我们会应用某些原理, 仅仅是因为它们允许我们描述和预测实验数据. 必须采用关系式 (1.9.8), 因为对于电磁场的谐振子, 它会导出公式 $E_{N_i} = \hbar\omega_i\left(N_i + \frac{1}{2}\right)$ 进而导出黑体辐射能量密度 $\rho(\omega)$ 的普朗克分布.

PHIL: 我已准备好同意所有这些, 但是从 $\rho(\omega)$ 的公式回到 (1.9.8) 式是不可能的.

PHYS: 是的. 我们必须向这个游戏中引入更多的经验和理论材料. 在玻恩和若尔当能够猜出这种关系 (1.9.8) 之前, 已经过了二十五年的艰苦研究.

MATH: 我一直以为是海森伯做到了这一点.

PHYS: 确实是这样. 海森伯在其 1925 年的著名文章中——这篇文章标志着自洽的量子力学的开端——他所想的不是场的谐振子, 而仍然是物质的谐振子. 他举了一个 "玩具" 的例子. 他试图计算量子非简谐振子

$$H = \frac{1}{2}(\dot{q}^2 + \omega^2 q^2) + \lambda q^3.$$

他猜测必须将 q 视为二维 "阵列", 并且猜测了计算幂所需的乘法规则. 这还不足以让他找到 q, 而海森伯为 q 和 $\dot{q}$ 写了一个关系式, 该关系式等价于 (1.9.8) 式 [5].

在玻恩和若尔当的后续工作中, 人们认识到必须将 q 视为矩阵, 并且海森伯的乘法规则是矩阵乘法, 而海森伯提出的关系等价于换位子的等式 (1.9.8). 在这项工作中, 玻恩和若尔当还 (以矩阵形式) 解释了具有一个自由度的系统的量子力学的算符形式 [6]. 从本质上讲, 我一直在与您讨论的量子力学描述与本文以及随后的玻恩、海森伯和若尔当的后续文章中的描述非常接近. 这篇文章中也引入了状态矢量. 可以在费米的演讲中找到从此观点出发的、关于量子力学的很清晰的论述 [7].

PHIL: 很好. 因此, 如果我正确理解了这一课, 则谐振子的状态由一个无穷维向量 $\mathbf{c}_N$ 来描述, 其中 $|\mathbf{c}_N|^2$ 是 "谐振子处于第 N 个激发态的概率". 在一般情况下, 状态是所有激发态的叠加.

PHYS: 是的. 因此, 现在如果我们考虑 "腔体中的场", 则它是一组谐振子的集合, 由数字 i 标记、频率为 ω_i, 共有无限多种. 要定义该状态, 您需要为所有谐振子指定编号; 换句话说, $\mathbf{c}$ 现在是所有 N_i 的函数 $\mathbf{c}(N_1, \cdots, N_i, \cdots)$, 而该指定态的能量为 $\sum \omega_i N_i$ [8]. 狄拉克在 1927 年用这种形式完整地描述了电磁场 [9].

PHIL: 但可以肯定的是, 电磁场不是标量场.

PHYS: 在这里问题不大. 本质上没有什么改变.

MATH: 只要整体上什么都没有发生, 什么都不会改变! 您的场不会与任何事物相互作用, 并且它始终处于同一给定状态. 如果引入了相互作用, 则您将立即看到电磁场不是谐振子的总和.

PHYS: 确实会发生一些技术性的难题, 但是它们很容易避免.

MATH: 在我看来, 我们在这里有个严重的问题.

PHYS: 您是说您对量子化程序的有效性存在疑问吗?

MATH: 对电磁场没有疑问. 但是我敢肯定, 对杨–米尔斯场使用这种方法是荒谬的.

PHYS: 我不这么认为, 但时间会证明的.

PHIL: 在 MATH 的文章中, 我了解了产生和吸收 (absorption) 算符. 如何用矩阵语言描述它们?

PHYS: 很简单. 对谐振子, 矩阵 q_i 的形式为

$$\sqrt{\frac{1}{2\omega_i}} \begin{bmatrix} 0 & \sqrt{1} & 0 & 0 & \cdots \\ \sqrt{1} & 0 & \sqrt{2} & 0 & \cdots \\ 0 & \sqrt{2} & 0 & \sqrt{3}^{①} & \cdots \\ 0 & 0 & \sqrt{3} & 0 & \cdots \\ \vdots & \vdots & \vdots & \vdots & \end{bmatrix}.$$

关于这一点, 值得注意的是, 如果让此矩阵作用在状态向量 $|0,0,\cdots,N_i,\cdots,0\rangle$ 上 (这个态对应于在第 i 个激发态上有 N_i 个谐振子), 则我们得到状态[②]

$$\sqrt{\frac{1}{2\omega_i}}(\sqrt{N_i+1}\,|0,0,\cdots,0,N_i+1,0\rangle + \sqrt{N}\,|0,0,\cdots,0,(N_i-1),0\rangle).$$

换句话说, 当它作用于占据数为 N_i 的状态时, 运算符 q_i 会将其转换为另一些态的叠加, 它们的占据数分别为 N_i+1, N_i-1. 接下来我们引入矩阵[③]

$$a_i = \frac{1}{\sqrt{2\omega}}(\omega_i q_i + ip_i),$$

$$a_i^+ = \frac{i}{\sqrt{2\omega}}(\omega_i q_i - ip_i),$$

其中 p_i 是第 i 个谐振子的动量矩阵

$$p_i = \omega^2 \dot{q}_i, \quad \dot{q} = i(Hq - qH);$$

它们形如

$$a = \begin{bmatrix} 0 & \sqrt{1} & 0 & 0 & \cdots \\ 0 & 0 & \sqrt{2} & 0 & \cdots \\ 0 & 0 & 0 & \sqrt{3} & \cdots \\ \vdots & \vdots & \vdots & \vdots & \end{bmatrix}, \quad a^+ = \begin{bmatrix} 0 & 0 & 0 & 0 & \cdots \\ \sqrt{1} & 0 & 0 & 0 & \cdots \\ 0 & \sqrt{2} & 0 & 0 & \cdots \\ \vdots & \vdots & \vdots & \vdots & \end{bmatrix},$$

分别是产生算符和湮灭算符. 它们具有性质 (对于单个谐振子)

$$a\,|N\rangle = \sqrt{N}\,|N-1\rangle,$$

$$a^{\dagger}\,|N\rangle = \sqrt{N+1}\,|N+1\rangle.$$

① 译者注: 原文此处为 0, 似乎有误.

② 译者注: 原文如此, 似乎有误.

③ 译者注: 原文第二个等式中的 p_i 处为 p, 似乎有误.

作用于谐振子的未激发状态, 我们得到 $a^+|0\rangle = |1\rangle$. 按照约定, 状态 $|1\rangle$ 是 "场量子". 这就是这里所有的秘密. 这个场的哈密顿量 H 由算符 a_i, a_i^+ 表示, 其中 i 是 "谐振子的个数", 其形式为

$$\sum \frac{1}{2}\omega_i(a_i^+ a_i + a_i a_i^+).$$

当它作用于状态 $|N_1, N_2, \cdots\rangle$ 时, 给出结果

$$H|N_1, \cdots, N_i, \cdots\rangle = \sum_i \omega_i \left(N_1 + \frac{1}{2}\right),$$

这与我们对该状态能量期望值的直觉想法一致.

PHIL: 但可以肯定的是, 在您关于哈密顿量 H 的理论中, 实际上 "什么都没有发生". 能量为 E 的任何状态仅在时间 t 之后获得相位因子 $\exp(-iHt)$, 如果我们考虑具有不同 N_i 的状态的叠加, 则会发生某种演化, 但总的来说, "什么也没有发生"; 也就是说, 具有不同 N_i 的状态的相对概率不会改变, 但实际上现实世界中的光子会被发射和吸收.

PHYS: 嗯, 这件事很简单. 您知道在 QED 中, 光子的来源是天线, 即 "外部电流". 我们在 H 处加上一项, 它是与 x 点处的外部电流的相互作用:

$$H_{\text{int}} = \phi(x)\Im(x).$$

然后 H_{int} 将伴有吸收或发射的量子跃迁. 实际上, 狄拉克在我已经提到的文章中引入了与原子中电子的 "相互作用", 而不是 "外部电流". 这里的 "跃迁" 是指电子从一种状态跃迁到另一种状态, 并发射出光量子; 但实际上, 这也是理论发展完备后的版本. 在自洽的 QED 中, 电流 $\Im(x)$ 也是一个算符, 包含电子和正电子的产生和吸收算符.

MATH: 我从 A.[①] 的文章中得到的印象是 "正则量子化" 不适用于电子和正电子. 您能解释一下这是怎么回事吗?

PHYS: 首先, 我们需要说一下怎样到达描述电子的场. 它的历史起源与电磁场完全不同. 简而言之, 对电磁场, 人们首先认识到其 "波动性" 的一面, 然后将其 "量子化", 就得到 "微粒性" 的一面; 换句话说, 通过量子化电磁场, 可以获得一个 "光量子" 或光子.

而电子的情况恰恰相反. 首先, 人们认为电子是 "粒子", 并且研究了其 "微粒性" 的一面. 然后德布罗意——当时他已经认识到光子的波粒二象性——将神秘的 "德布罗意波" 与电子联系起来. 薛定谔试图从纯粹的 "波动性" 方面考虑电子的场 ψ, 并获得了描述它的正确的 "非相对论性波动方程".

---

① 译者注: 原文如此. 不知道这里指的是谁.

然后, 若尔当和维格纳 (Wigner) 证明: 通过对场 ψ 进行量子化, 可以得到适用于由数字 N_i 描述的电子系统的描述 (类似于光子).

在他们撰写文章时, 泡利不相容原理已众所周知. 每个给定的量子态中至多只能有一个电子, 因此, 若尔当和维格纳意识到对电子有 $N_i = 0, 1$. 因此, 他们构建了一种可以实现这一目标的技术. 他们引入了矩阵 $b_i = \left(\begin{smallmatrix} 0 & 1 \\ 0 & 0 \end{smallmatrix}\right)$, $b^+ = \left(\begin{smallmatrix} 0 & 0 \\ 1 & 0 \end{smallmatrix}\right)$. 其中态 $\left(\begin{smallmatrix} 1 \\ 0 \end{smallmatrix}\right)$ 是谐振子的真空态, 而态 $\left(\begin{smallmatrix} 0 \\ 1 \end{smallmatrix}\right)$ 是 "存在一个场 Ψ 量子的状态", 即一个电子. 实际上, 他们还使用了有关电子的更多信息, 得出的结论是, 对于光子, 算子 a_i 满足关系

$$a_e a_k^+ - a_k^+ a_e = \delta_{ke},$$

而对电子则有必要引入 "反对易" 关系 [10]

$$b_e^+ b_k + b_e b_k^+ = \delta_{ek}.$$

PHIL: 正电子在哪里?

PHYS: 这是一个很长的故事. 首先, 对含有四个分量 ψ_α 的 "相对论性波函数" ψ, 必须从薛定谔方程转到狄拉克方程. 场 ψ 与场 ϕ 一样, 是振动模式的加和. 然后, 我们必须像对 ϕ 一样, 把 ψ 变为算符. 这种情况下会出现包含吸收电子的算符 a 和产生正电子的算符 b^+ 的项. 这是一条漫长而曲折的路线. 当然, 量子场论的现代教科书首先给出了二次量子化后的算符 ψ, A (其中 A 是电磁场算符) 以及其他算符的必要形式, 然后就从此直接开始了. 在给定了场、对易关系和相互作用的形式之后, 就可以得出计算跃迁振幅的规则. 这些是费曼给出的最紧凑的形式. 我指的是著名的 "费曼规则" 和 "费曼图" [11].

PHIL: 我可以理解, 历史上已经建立了一些假定、场方程组和量子化规则的系统, 但是这一切看起来都很奇怪. 难道我们不能用某种更合理的方式去解释它吗?

PHYS: 我认为您的愿望无法实现. 毕竟, 我们所讨论的是我们对自然的最深层次的理解. 我们不可能解释我们的假设. 我们可以去考虑它们, 并努力去更好地理解它们潜在含义的本质, 就像 30 年代的玻尔 (Bohr) 和罗森菲尔德 (Rosenfeld) 一样 [12]. 我们可以从中得出可观察到的结果, 并将其与实验进行比较; 但是我们不能问 "为什么它们像这样而不像其他东西"? 这里, 可以给出一些说明: 例如, 泡利提出了一个合理的论点, 即如果您尝试使用反对易子量子化场 ϕ 或 A_i ("整数自旋") 或使用对易关系量子化场 ψ ("半整数自旋"), 那么结果并不理想 (会导致潜在的内部矛盾). 如果您愿意, 那么这就是

"为什么要这样做而不是用其他方式" 的部分解释 [13].

MATH: 玻恩和 ψ 的概率诠释已经从您的电子史中溜走了.

PHYS: 对于单电子态, 我们可以简单地通过 $|\psi|^2$ 的概率诠释, 从薛定谔方程转到 "微粒性" 的方面. 这就是玻恩所做的 [14].

PHIL: 一直以来, 您都在使用 "(振动) 模式", 可以说, 它遍及您的全部论述. 但是毕竟, 例如, 在一个实验中, 光子会在空间中扩散, 或者 "在某点处被吸收" 等.

PHYS: 实际上, 当我提及 H_{int} 和 $\mathfrak{I}(x)$ 时, 我引入了 "一点处的相互作用". 我认为您应该尝试阅读费米那篇著名的量子场论文章, 其中详细地给定了 QED 在空间方面的规则 [15].

PHIL: 我记得, MATH 在文章中花了很长时间去考虑如何在希尔伯特空间中为 "玻色子" 和 "费米子" 构造向量; 但你似乎以某种方式避免了这种情况!

PHYS: 是的. 我认为这对于二次量子化装置的逻辑应用并不必要. MATH 甚至可以从他的侧面进入我们所居住的房子, 他只不过并非从此 "开始".

我认为, 通过给出对易关系和拉格朗日量, 可以完全定义该理论. 除此之外, 没有必要做其他任何事情.

MATH: 无论如何, 我们必须从场及其对称群属性的完整列表开始, 但是我们现在所了解的规范场并不是关于点的函数.

PHYS: 确实如此. 但是, 在当前的范式中, 就理论的语法而言, 这实质上只是表面上的细节, 就像行星数是关于引力的力学的 "n 体问题" 的表面细节一样.

MATH: 我认为你是在亵渎神灵.

PHYS: 这种亵渎是按照实验所建立的方式进行的. 使徒多马 (Apostle Thomas) 也亵渎过神灵, 或者说几乎亵渎过.

PHIL: 我有时认为, 您的范式几乎就是您的宗教!

1.10 对话 10

MATH: (对 PHIL) 您读过推荐的那些参考文献吗?

PHIL: 我看过 PHYS 谈到的所有文章:《现代物理评论》("Review of Mod. Phys.") 中费米的文章、玻尔和罗森菲尔德的文章, 朗道的书的 §7, 以及上次提到的泡利所著综述的那些部分和费米的《讲义》("Lecture notes"). 但同样,我发现很难遵循那里所有的计算和推理. 经过这么久的时间之后, 现在能否用一种紧凑的方式, 将所有这些内容集中起来, 以便写出一本量子场论的书, 着重于其物理内容而不是计算方面? 我曾打电话给 PHYS, 问他哪本关于量子场论的书是最好的, 他回答说是比约根 (Bjorken) 和德雷尔 (Drell) 的著作, 但他又补充道, 尽管关于正则量子化 (第二卷) 和费曼图 (第一卷) 中有很多撰述清晰的材料, 但在总体上讲, 书中缺少费米、玻恩和罗森菲尔德所讨论的关于场论物理方面的想法. 为什么会这样呢? 毕竟, 这是该理论的必要组成部分.

MATH: 嗯, 您会看到, 当理论家创建他们的理论时, 他们在彼此之间甚至是独立地讨论自己的 "内容"、"感觉" 或 "含义", 但是在一段时间之后, 所有这些都变成了某种 "集体无意识". 学生学习正确的 "理论化的行为"; 这就是解决问题的艺术, 就像以前在巴比伦和埃及以及现在在工程学院中所教授的数学一样. 在数学 —— 它把希腊式的科学发展作为其模型 —— 中, "意义" 的问题以统一的方式被解决: 人们考虑了公理系统及其集合论的模型.

但是即使在此处, 如果您进入其中的细节, 也会遇到一些陷阱. 康托尔 (Cantor) 创立了他的无穷理论, 而希尔伯特 (Hilbert) 充满信心地认为无穷终究只是一些符号, 它们有定义好的使用规则. 他们带着我们走上了悬崖, 而哥德尔 (Gödel) 开始在地图上绘制其边界. 我们已经不知不觉地适应了我们在刀刃上行走的事情, 并且我们已经不再担心它.

如果物理学家建议我们, 在计算时应该把自己限制在一定空间尺度范围内, 出于习惯, 我们会指责他们理论的不一致性. 从逻辑上讲, "在任意距离处" 出现的矛盾排除了无矛盾发展的可能性.

有一个形式上的定理说, 在任何一个理论中, 如果命题 "A" 和 "非 A" 都是正确的, 则可以证明任何命题. 然而, 实际上年轻人还是学着去避免矛盾; 否则, 他们都将不会成为理论物理学家.

PHYS: 显然, 这些想法有明确的原型. 您已经重复了庞加莱的思路. 在 1911 年索尔维会议上, 他说, 所有与会者都承认, 显然, 如果没有矛盾, 就不可能将量子的思想与经典力学结合起来; 但这正是物理学家一直在做的; 他们试图通过结合经典力学和一些量子概念来获得结果. 但是一旦我们接受了矛盾, 就可以证明任何命题 [1]. 实际上, 1911 年聚集在布鲁塞尔的理论家们并没有证明任何定理, 而是试图发现在哪些情境下能够使用经典物理 (即使只是部分地) 而且量子条件足够简单, 并由此来猜测量子物理的公式. 例如, 他们考虑了 "准经典理论"(如果用现代术语来讲) 适用的那些情境. 随后, 当一致 (即自洽)

的非相对论量子力学出现时, 他们的行为得到了证明, 并且他们的成功得到了理解.

PHIL: 我发现很难理解如何在这种情况下充满信心. 我的意思是, 情况可能与旧的量子理论相同; 换句话说, 您有某种出于某种偶然原因而起作用的算法, 但实际上, 费米、玻尔和罗森菲尔德讨论的内容都是很多人为的东西/假象 (artefact), 而现实则似乎大不相同.

PHYS: 如何判断理论是否仍然混杂着人为的东西, 或者可以说, 它是否 "描述了 (如实验所给出的) 现实", 仍然是一个问题. 它尽管可以被理性的讨论所触及, 但却是一个困难的问题. 在这里, 判断错误完全不可避免. 比如说, 就像我们现在认为的那样, 核附近的真空是由 μ 介子直接探测的. 这里可以确定没有人为的部分 [2]. 顺便说一下, 该理论预测, 从某个 Z 开始, 这种极化会导致 Z 的变化, 这是一种跃变. 您引入一个带有电荷 Z 的原子核, 并且极化的真空将其屏蔽为 $Z - 2$.

PHIL: 为什么是 $Z - 2$?

PHYS: 这是一个很长的故事. 我正在谈论的文章的作者最近写了一个相对较易理解的问题说明. 您可以阅读所有相关的内容 [3].

PHIL: 但是我仍然没有得到答案: 为什么比约根和德雷尔的书中没有包含玻尔和罗森菲尔德等谈论的这些问题.

MATH: 您必须让自己与以下事实和解, 即理论家以各种方式处理各个相互矛盾的理论, 但以某种方式避免了矛盾. 它们不能在形式逻辑的体系 (scheme) 中讨论 [4]. 但是仍然可以用思想实验的语言讨论它们. 思想实验能比真实实验更好地帮助我们理解陈述的含义. 它们在理论的创造及其形式化中始终发挥着重要作用. 看一下力学的创造者伽利略 (Galileo), 他一直都在进行着思想实验. 马赫思想实验的作用是众所周知的, 就像爱因斯坦的思想实验在其相对论的创立中一样. 实际上, 它们甚至在量子理论的创建中也起着重要的作用, 只是隐藏在文献中. 例如, 爱因斯坦和洛伦兹在第一次索尔维会议上讨论的思想实验中首先出现了旧量子力学中的绝热量子化 [5].

总的来说, 我认为思想实验大致是 "右半球心理过程" 的单元, 与 "左半球心理过程" 的演绎推论相对. 毫无疑问, 您已听说过斯佩里 (Sperry) 在大脑分裂实验中的发现. 正常运作的完整大脑通过绕过机械的逻辑来构造图像, 并用逻辑验证图像与现实之间的对应关系, 因此理性不会消失. 不幸的是, 这并没有纳入专著和教科书中, 而其原因很清楚. 一个理论是否成功, 取决于它描述实际实验而不是思想实验的能力. 在某些时候, 这些书提出了理论的计算方

案 (例如 QED), 并将计算结果与实验进行了比较. 后来他们不再这么做. 从理论力学的教科书中甚至无法找到它描述行星运动的准确程度. 事实是, 如果 "每个人都知道" 力学是正确的, 那么对它的精确性, "任何人都不会感兴趣".

PHYS: 好吧, 我不会这么说; 毕竟, 当人们意识到天体力学并没能描述水星 (近日点) 进动时, 每个人对此都非常担心, 甚至在百科全书中记载了这件事 [6]! 大家都知道它.

MATH: 请给我一本力学书: 在其中能找到一些关于水星进动的事情, 更笼统地说, 是关于力学的准确性, 即使在没有相对论性进动的情况下, 力学也可以计算出大行星的运动.

PHYS: 不幸的是, 我不知道有这类书. "生命短暂, 艺术长存"①. 而编写教科书的艺术发展得非常缓慢.

MATH: 您提到的语录以 "我们无法对任何事物做出判断" [7] 结尾, 但您坚持认为您知道 QED 仅描述事实, 而且除了事实并不描述其他什么别的东西!

PHYS: 我们该怎么办? 我们不知道, 但是我们必须采取一致的行动. 为了行动成功, 我们必须坚持那些看起来最合理的假设. 当然, 错误总是有可能发生.

PHIL: 尽管如此, 我非常希望看到一本有关量子场论的书, 其中讨论了所有可以使人们理解理论真正含义的思想实验. 除此之外, 我想在那里读到各种量的计算精度. 实际的计算方法对我而言并不重要. 显然, 如果您要计算 10^3 位数字, 那么这将是一件复杂的工作. 就我而言, 最简单的情况已经足够了.

MATH: 是的, 这会是一本有用的书.

PHYS: 这种书值得写吗? 科学变化得如此之快.

PHIL: 它一直在迅速变化吗?

PHYS: 也许不是. 从牛顿开始, 理论物理学的第一个范式逐渐凝结出来 (形成): 有心体的力学. 很长时间内它都起着支配作用. 如果您看一看 1904 年庞加莱在圣路易斯的演讲 [8], 您会发现他隐含地断言理论物理学在该范式的框架内起作用, 尽管他认识到可能必须放弃它. 许多人意识到这个范式的不足. 在我看来, 马赫撰写《力学》("Mechanics")、《热的理论》("Theory of heat") 和《光学》("Optics") (去世后出版) 时, 并不想写太多哲学或物理学史, 而是想写一本物理教科书, 在其中将对范式进行严格的讨论和分析. 他恢复了历史, 以便召唤起那些思想实验和逻辑论述, 而它们在当时的书籍中是如此

---

① 译者注: 原文为拉丁语: " Ars longa, vita brevis" —— 为希波克拉底所言.

沉默.

MATH: 后来怎么样了? 这个实验成功了吗?

PHYS: 既成功又不成功.

PHIL: 为什么成功, 又为什么不成功呢?

PHYS: 问题更多地在于, 以何种方式成功和以何种方式不成功. 马赫对牛顿力学的不足并不觉得太糟糕, 众所周知, 他的批判性分析对爱因斯坦很有帮助.

MATH: 有趣的是, 爱因斯坦最喜欢的想法是他从《力学》中借来的, 这个想法在书中没有被实施. 那里没有 "马赫原理".

PHYS: 这件事情当然不是那么有趣. 与马赫原理相关的主要事实实际上是对惯性力和引力非常相似的这个正确 "观察". 通过研究这种 "等价原理" ——但是这次是在相对论条件下——爱因斯坦借助思想实验发现了广义相对论理论的某些影响, 并且总的来说, 他发现自己需要研究黎曼几何. 理论中的 "引力场" 不仅由源 (有质量的物体) 定义, 而且由边界条件和初始条件定义, 这个事实被证明并不重要.

MATH: 好吧, 好的. 但是 "不成功的" 地方是哪里?

PHYS: "不成功之处" 实际上是其他所有地方. 马赫不是理论家. 正确地讲, 当时的理论物理学并不作为一门完整学科存在, 但当时还存在着 "数学物理学"; 它们并不完全一样, 或者我们甚至可以说它们完全不同. 马赫是一位实验家, 甚至是一位出色的实验家, 但从某种意义上讲, "存在决定意识". 在我看来, 从 19 世纪的物理学来看, 它具有一种自我意识, 只是简单的唯象学和描述性的经验主义, 而这种意识的载体实际上就是马赫. 他并不了解模型的理论构造的作用, 或许有时他只是不完全了解已经存在的理论物理学. 结果, 他否认原子的存在性, 并与原子理论进行了 (在某种意义上可以说是绝望的) 斗争. 因此, 他对整个物理理论和他所处时代的图景的认识是完全错误的.

MATH: 好吧, 好的. 在 20 世纪末, 马赫未能对范式的情况进行批判性的和历史性的分析, 您认为我们不再需要他了, 因为量子场论的范式将很快改变.

PHYS: 不会. 范式不会自行改变. 恰恰是现在——如果不是在全部历史中——那么无论如何对我们的范式进行批判性分析很合时宜. 在过去的十年中, QFT 取得了惊人的成功; 事实证明, 该范式比预期的要有效得多, 但是有时在我看来, 这是一次皮洛斯 (Pyrrhic) 式的胜利[①], 并且范式已达到极限, 甚

---

① 译者注: 即花了很大代价获得的胜利.

至可能超越了极限.

(电话响了很长时间. PHYS 进入另一个房间, 短暂地聆听, 然后返回.)

PHYS: EXP 刚刚从欧洲核子研究组织 (CERN) 打来电话. 鲁比亚 (Rub-biya)[①]告诉他: 他看到了 $W^{\pm}$ 的衰变.

MATH: 那么好吧! 范式仍然屹立不倒.

---

① 注: 原书拼写有误, 应为意大利物理学家 Carlo Rubbia.

第二章 基本粒子理论的结构

走吧, 走吧, 走吧, 鸟儿说:
人类不能承受太多的现实.
(艾略特 (T.S. Eliot),《烧毁的诺顿》(Burnt Norton))

2.1 阐述的基本原则

本章的目的是为澄清 "基本粒子在形式上的存在性" 的概念提供材料. 因此, 我们暂时采用下文中的观点. 基本粒子的概念仅在用于描述自然的指定理论系统 (即范式) 的框架内才有意义.

当前的范式是量子场论 (QFT). 在此框架内, 基本粒子是场的量子, 出于实验或理论上的原因, 我们认为它们是基本的. 该理论的数学形式包括拉格朗日量的选择, 该选择关于规范对称性是不变的, 并且可以重整化; 原则上, 它可用于计算基本量, 例如截面、谱、衰变宽度等.

物理学对宇宙的每一个描述都是近似的和唯象学的. 但是, 随着每次进入 "基本性"(elementariness) 的下一层次, 我们总是有着这样的希望, 即我们的知识将在本质上更加深刻, 而不是仅仅在范围上有所扩展. 下一层次的规律总是比上一层次的规律更加基本. 当我们给该理论提供数学内容时, 通常会发现, 通往新层次上理论的道路, 总是包含描述该理论所使用的基本数学结构的完全变化. 狭义相对论的本质不在于它提供了一种计算经典运动定律的相对论修正的系统方法, 而是它引入了庞加莱群作为物理学的时空对称性的基本

的群. 量子理论的主要原理, 是将状态描述为无穷维希尔伯特空间中的向量,
以及将可观测量表示为埃尔米特算子在其上的作用. 这个原理在之前的范式
中没有任何根源. 这种由近似描述形成的层次结构本身——它曾经以玻尔的
"对应原理" 之类的思想实现出来——已经成为现代理论的一部分. 在经验领
域中, 可以将它与所考虑的过程特征尺度的层次进行比较. 在应用于可观察的
现象时, "基本性" 变得具有相对性: 在给定的能量尺度下被看作基本的对象,
在更高能量尺度下就会显示出内部结构. "基本性" 的理论模型被证明是更加
稳定的. 福克 (Fock) 空间这个代数结构描述了不同类型系统中的基本激发,
并且也可以描述光子, 因为光子作为基本粒子在某种程度上可以看作与声子
等效 (声子即晶格振动自由度的集体激发), 因为它们是用相同的数学描述的.
形式和真实存在的对立发生在理论的解释中, 该理论的句法要求引入 "理想元
素"(所有深刻的理论都是这类情况), 而这与 "事件的句法"——即范式所表示
的方式——并不相同. 根据本章的目的, 下面将不把 QFT 描述为理论家的工
作工具, 而是将其作为研究的对象. 我们假设当前已知的物理原理将比各种特
定的理论的适用范围更加广泛. 因此, 我们试图用现代数学形式解释其基本概
念的系统, 并提出关于它们与现实之间关系的假设. 因此, 自然地会有很多牺
牲; 首先被牺牲掉的是 QFT 提供的计算装置. 我们的描述主要是与时间同步
的; 在本章中, 我们仅回顾过去二三十年间的某些观念的变化. 我们挑选了当
前看来有价值的那些物品. 人们可以写出一篇引人入胜的《拉格朗日量的历
史》("History of the Lagrangian"), 以追溯早在 QFT 之前便已出现的这一概
念的理论内涵是如何变化的. 但对我们而言, 唯一重要的是拉格朗日量概念的
现代语义领域. 对时空的结构、对称性等等而言, 情况也类似.

作为总结, 我们重复一遍: 根据当今的理论范式, 我们的主题是基本粒子.
必须去分别地阐述互补的观点, 在这些观点下, 基本粒子的概念在范式变化下
保持不变. 这是 "真实存在" 这个概念的一个方面.

2.2 基本粒子及其相互作用: 分类

2.2.1 分类与表格

在本节中, 我们用表格、图表和注释, 来系统地讨论基本粒子及其相互作
用. 分类在自然科学中起着特殊的作用, 因为它是理论与经验之间的边界区
域, 也是它们相互作用的活跃区域. 每张图表既编码了经验数据, 也编码了理

论结构; 而经由理论结构, 这些数据会得到解释.

在这里, 当处理基本粒子理论的现代状况时, 我们对第二个方面比对第一个方面更感兴趣. 因此, 我们设法构造这些表, 使得对其解码能使人们表示出理论上有本质性的某些基本代码. 因此, 从强子的所有经验数据中, 我们选择的是两个 $SU(3)$ 多重态; 基本相互作用图表的示例中包含的是大统一理论的假设模型之一的顶点. 如果采用语言学家的术语, 我们可以说, 在表格和图形化的材料中, 我们故意将各种表示形式混合在一起, 以试图传达材料的内在运动. 尽管如此, 就材料本身而言, 在当前阶段, 我们基本上都是描述性地处理它; 之后还将采用更系统的理论.

在表格及其解释中, 我们有一个固定的范式, 根据该范式, 世界由物质的基本粒子即夸克和轻子构成, 它们参与四种类型的相互作用: 强相互作用、电磁相互作用、弱相互作用和引力作用.

物质粒子的自旋为 1/2, 并服从费米 – 狄拉克 (Fermi-Dirac) 统计. 它们是相应的狄拉克场的量子. 它们表现为没有内部结构的点粒子, 尽管它们确实包含内部自由度, 例如夸克的颜色.

相互作用是由自旋为 1 (胶子、光子、中间玻色子) 或 2 (引力子) 的规范场的量子承载的, 因此, 它们服从于玻色 – 爱因斯坦 (Bose-Einstein) 统计. 这些场对粒子内部自由度的作用与电磁场类似. 它们在内部空间中产生旋转, 就像电磁场对量子力学的相位进行旋转一样. 二者的不同之处在于, 弱相互作用和强相互作用的相应旋转群是非交换的. 而且, 与这些群相关的对称性可以破缺, 并且破缺的重要机理之一 —— 希格斯机制, 预示着一种新型粒子的存在, 即希格斯玻色子 (它的质量很大).

物理学家认为, 分类的当前状态及其理论基础, 已被视为迈向下一代理论的过渡阶段. 人们要求该理论将所有相互作用统一到一个方案中. 统一的相互作用可以由一个对称群和一个相互作用常数决定. 作为说明, 我们系统地使用最简单的 $SU(5)$ 模型. 从本质上讲, 该模型与实验相矛盾, 因为 $SU(5)$ 模型的预测与确定质子寿命下限的实验数据不一致; 尽管如此, $SU(5)$ 模型也可以看作大统一理论 (GUT) 的更复杂模型的范式 (在语言学意义上).

关于耦合常数的思想是一种较为复杂的理论构造, 特别地, 在其基础上我们将根据相互作用的强度对相互作用进行排序. 之后, 我们会再次回到它. 目前, 可以说在量子场论的方案中, 耦合常数成为变量; 它们取决于距离, 或者换句话说, 取决于所考虑过程的动量传递的特征. 如果人们允许自己进行一些大胆的推断, 那么在现代加速器中可达到能量处的各种耦合常数在距离大约为

10^{-29} cm ($\sim 10^{15}$ GeV) 处混同起来 (见图 4), 在此情况下, 夸克和轻子"看起来相同", 并且相互作用变得难以区分.

如果假设对称群大于已观察到的对称群, 并且由于某些机制而破缺, 那么这将导致对新粒子、新相互作用和新反应类型的预测. 特别是, 夸克和轻子之间的对称性预示了质子衰变的可能性, 从而预测了物质的不稳定性.

在这样的概念图式中, 分类首先是对 (潜在的或已破缺的) 对称性的认识, 即对现象的规律的潜在的或已破缺的对称性的认识.

我们希望已经掌握了本书第一部分的读者对以下的事情不存怀疑: 在精确科学中, 科学共同体应用该理论的动机与数学家共同体应用该理论的动机完全不同.

对后者而言, 该理论是由假设构成的清晰的集合, 这些假设描述了柏拉图式观念世界中存在的 "现实" 的碎片. 由于某些原因, 这组假设被假定是无可辩驳的——但自哥德尔定理以来, 人们认为这些原因显然是不可想象的. 理论是从假设的列表中得出的一系列结论的集合. 在理想情况下, 定理被证明出来, 并且知晓该理论主题的任何人都可以理解和证明. 但有限单群分类定理的情况表明, 即使是在数学家共同体中, 这方面也是一种理想化.

由于前文中已讨论的原因, 理论物理学家们很少去担心如何去表达其理论中的假设清单.

理论是否不可辩驳, 会通过心理测试来检验; 实际上, 它们在理论本身的创造过程中起着重要作用. 狭义上的理论 (例如, 不包括伊辛模型中昂萨格的相变理论) 应该描述可观测现象组成的世界的某些现实片段; 最后, PHYS 必须计算出可通过实验测量的量. 如果在给定的现实片段中获得足够多的与观察结果相符的结果——最好是有效数位最多和理论参数最少, 则该理论被物理学家共同体的集体直觉所接受. 同时, 该理论仍可能受到逻辑矛盾的困扰, 就像 1900—1925 年的 "旧" 量子理论一样; 人们认为这些矛盾在以后会被消除. 实际上, PHYS 生活在一个如此不稳定的世界中, 因此数字对他而言相当重要.

在现代的理论世界中, 冠军是 QED, 它被认为是刻画光子和带电轻子的理论. 原则上, 我们可以使用碎片 (A) 描述 e^+、e^-、γ 的世界, 它可以在已知且可控的精度上与世界 (B) (μ^+、μ^-、e^+、e^-、γ) 或者世界 (C) ($\tau^\pm$、$\mu^\pm$、$e^\pm$) 分离开, 最后也可以非常精确地与强子世界分离开.

结果是, 在 QED 中, 世界 (B) 含有三个参数: m_e、m_μ 和 α. 我们认为, 这一点更 "容易理解". 在第三章中会引出 "这是为什么" 的问题. m_e 和 m_μ

已知五位有效数字, 而 α 则已知六位有效数字.

关于基本粒子世界中的各种量, 有标准的信息来源. 这是由国际组织 "粒子物理数据组" (Particle Data Group) 发布的《粒子特性评论》("Review of particle properties"), 其参与者人数约为 20, 我们从中获取了以下信息. 由此得出结论 (假设 QED 理论是好的, 尽管它可能自相矛盾), QED 中的计算精度约为 10^{-5}. 实际上, 我们可以从中去掉 m_e; 然后, 精度变为 10^{-6}. 一个已知的例子是, 利用某些简单的把戏——某种程度上是以言行事 (do with words)——可以将精度提高到 10^{-9} (对于电子的磁矩). 斯蒙迪列夫 (M.A. Smondyrev) 在 1984 年为莫斯科知识出版社 (Znanie) 撰写的《量子电动力学和实验》("Quantum electrodynamics and experiment") 这本非常清晰的小册子中详细介绍了 QED 中的情况. 自此书出现以来的三年中, 这种情况没有改变; 从斯蒙迪列夫的综述中可以看出其原因. 得到物理学上随后的那些有效数字, 与攀登珠穆朗玛峰最后一百米的难度相同.

对于描述 (量子) 电动力学、弱相互作用和强相互作用的完整的 "标准理论" 而言, 情况要糟糕得多. 简而言之, 只要考虑强子, 人们正在努力确定第一位有效数字, 并确定二阶上的不确定性. 例如, 胶子 0^{++} 的质量在从 1 GeV 到 2 GeV 的不同计算中有所不同, 但逐渐向 2 GeV 区域移动. 这与以下事实并不矛盾: 轻子过程涉及的量, 准确性非常高, 并且由 G_{weak} 和 m_μ 的知识来确定 τ_μ (请参见第三章的末尾).

在《粒子属性》("Particle properties") 表中, 数字形如 $m_\mu = 105.65932 \pm 0.00029$ 或 $a = 1/137.03604(11)$; 在后一种情况下, (11) 表示最后两位小数的 ($\pm$) 不确定性. 一个高斯标准差的大小由 σ 表示. 整理所有数据的统计过程十分复杂. 泰勒 (B. N. Taylor)、帕克 (W. H. Parker) 和兰根伯格 (D. N. Langenberg) 所著的《基本常数和量子电动力学》("The fundamental constants and quantum electrodynamics") 一书对此进行了描述.

应当记住, 超出 σ、2σ 和 3σ 范围的事件发生的机会分别为 $1/2.15$、$1/21$ 和 $1/370$; 这意味着, 如果在相同的环境下重复进行实验, 那么数字超出 3σ 范围的概率就是很小的 $1/370$, 但是, 这绝不是零.

由于我们的表格仅是为了让读者熟悉粒子物理学的事实, 因此我们有时会对数字进行四舍五入, 以便所给出的小数位是可信的.

读者还应该意识到自然界中不会存在强子的 $SU(4)$ 对称性, 因为 c 夸克的质量远大于 $\Lambda \sim (100 - 200)\text{MeV}$ 的质量约束. 三维权图利用羡数提供了一种轻松记住由 u、d、s、c 夸克构成的粒子的方法. 表中的 "其他" 表示未给出的相对概率较小的其他衰变方式.

表 1

轻子	$Q = 1$ 质量 (Mev)	寿命	衰变	$Q = 0$ (中微子) 质量
电子 e	0.5	$> 2 \times 10^{22}$ 年		$\nu_e : 0 - 30$ eV
μ 介子	105	2×10^{-6} s	$e\nu\nu$	$\nu_\mu < 0.50$ MeV
τ 介子	1784(3)	3×10^{-13} s	$\mu\nu\nu$ 18(1)% $e\nu\nu$ 16(1)% $h\nu$ 48(2)% $3h + \nu$ 17(1)% (h 表示强子)	$\nu_\tau < 170$ Mev

介子八重态: $B = 0$, $J^{PC} = 0^{-+}$

强子	质量 (Mev)	寿命	衰变	电荷 Q	同位旋 I	I_3	超荷 Y	奇异性 S
$\pi^\pm$	139.5	2.6×10^{-8} s	$\mu^\pm \nu$	± 1	1	± 1	1	0
π^0	134.9	0.8×10^{-16} s	$\gamma\gamma$ 99%	0	1	0	0	0
$K^\pm$	493.7	1.2×10^{-8} s	$\mu^+ \nu$ 64% $\pi^+ \pi^0$ 21%	1	1/2	$\pm 1/2$	± 1	± 1

之后的已知 15 个衰变道

$K^0, \widetilde{K}^0 = \begin{matrix} K_S^0 \\ \pm \\ K_L^0 \end{matrix}$	497.7	0.9×10^{-10} s	$\pi^+ \pi^-$ 69% $2\pi^0$ 31% $\pi^+ \pi^- \gamma$ 0.2%	0	1/2			
		5×10^{-8} s	$\pi^\pm e^\mp \nu$ 39% $\pi^\pm \mu^\mp \nu$ 27% $3\pi^0$ 21% $\pi^+ \pi^- \pi^0$ 12%	0	1/2			

剩余衰变道 ~ 1%

η^0	549	0.7×10^{-18} s	$\gamma\gamma$ 39% $3\pi^0$ 32%	0	0		0	0

其他衰变道　$\pi^+ \pi^- \pi^0$ 24%

重子八重态: $B = 1$, $J^P = (1/2)^+$

	质量 (Mev)	寿命	衰变	电荷 Q	同位旋 I	I_3	超荷 Y	奇异性 S
p 质子	938.2	$> 10^{32}$ 年		1	1/2	1/2	1	0
n 中子	939.5	~ 900 s	$pe\nu$ 100%	0	1/2	$-1/2$	1	0
Λ^0	1115.6	2.6×10^{-10} s	$p\pi^-$ 64% $n\pi^0$ 36% 其他	0	0	0	0	-1
Σ^+	1189	0.8×10^{-10} s	$p\pi^0$ 52% $n\pi^+$ 48% 其他	1	1	1	0	-1
Σ^0	1192	$5.8(1.3) \times 10^{-20}$ s	$\Lambda\gamma$ 99% $\Lambda e^+ e^-$ 0.5%	0	1	0	0	-1
Σ^-	1197	1.5×10^{-10} s	$n\pi^-$ 100% 其他	-1	1	-1	0	-1
Ξ^0	1314.9	$2.9(0.1) \times 10^{-10}$ s	$\Lambda\pi^0$ 100% 其他	0	1/2	$-1/2$	-1	-2
Ξ^-	1321.3	1.6×10^{-10} s	$\Lambda\pi^-$ 100% 其他	-1	1/2	$-1/2$	-1	-2

表 2

A. 物质场的基本量子 $\left(J = \dfrac{1}{2} \right)$

轻子			夸克 $\left(J^P = \left(\dfrac{1}{2}\right)^+, B = \dfrac{1}{3} \right)$					
	Q		Q	I	I_3	Y	S	粲数
第一代 ν_e	0	u(上)	2/3	1/2	1/2	1/3	0	0
e	-1	d(下)	$-1/3$	1/2	$-1/2$	1/3	0	0
第二代 ν_μ	0	c(粲)	2/3	0	0	$-2/3$	0	1
μ	-1	s(奇异)	$-1/3$	0	0	$-2/3$	-1	0
第三代 ν_τ	0	τ(顶)	2/3	0	0	0	0	0
τ	-1	b(美丽)	1/3	0	0	0	0	0

传递相互作用的, 规范场的量子

γ (光子; 电磁作用) $(J = 1)$

g (胶子; 强作用) $(J = 1)$

$W^{\pm}, Z^0$ (中间玻色子; 弱作用) $(J = 1)$

引力子 (?) (引力作用) $(J = 2)$ $\left(J = \dfrac{3}{2}, \dfrac{1}{2}\right)$ $(??\cdots)$

其他量子

H (希格斯玻色子) $(J = 0)$ (?)

X, Y (玻色子) $(J = 1)$ (?)

引力子 (gravitino), 胶子 (gluino)

光子 (photino), $\cdots\cdots$

B. 强子的夸克复合态

重子八重态			介子八重态		
Σ^+	uud	$\dfrac{1}{\sqrt{2}}(udu - duu)$	π^+	$u\tilde{d}$	$-u\tilde{d}$
n	udd	$\dfrac{1}{\sqrt{2}}(uud - dud)$	π^0		$\dfrac{1}{\sqrt{2}}(u\tilde{u} - d\tilde{d})$
Λ^0	usd	$\dfrac{1}{\sqrt{12}}(2uds - 2dus + sdu - dsu + usd - sud)$	π^-	$\tilde{u}d$	$\tilde{u}d$
Σ^+	uus	$\dfrac{1}{\sqrt{2}}(usu - suu)$	K^+	$u\tilde{s}$	$u\tilde{s}$
Σ^0	uds	$\dfrac{1}{2}(usd + dsu - sud - sdu)$	K^0	$d\tilde{s}$	$d\tilde{s}$
Σ^-	dds	$\dfrac{1}{\sqrt{2}}(dsd - sdd)$	$\tilde{K}^0$	$s\tilde{d}$	$-s\tilde{d}$
Ξ^0	uss	$\dfrac{1}{\sqrt{2}}(uss - sus)$	K^-	$s\tilde{u}$	$-s\tilde{u}$
Ξ^-	dss	$\dfrac{1}{\sqrt{2}}(dss - sds)$	η^0		$\dfrac{1}{\sqrt{6}}u\tilde{u} + d\tilde{d}$

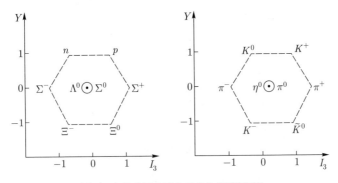

(a) 表1中的重子八重态对应的 $SU(3)$ 权图

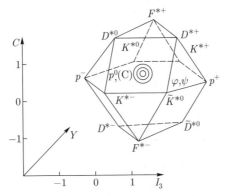

(b) 矢量介子的 (15+1)-元组的 $SU(4)$ 权图

图 3

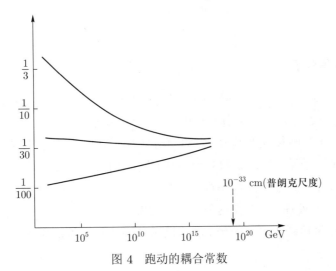

图 4 跑动的耦合常数

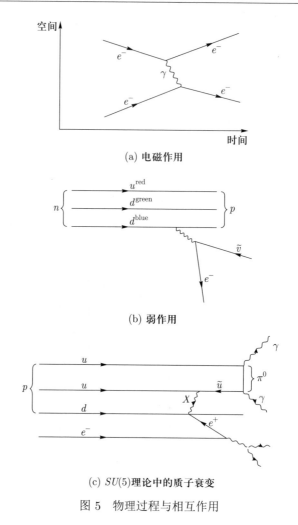

(a) 电磁作用

(b) 弱作用

(c) $SU(5)$理论中的质子衰变

图 5　物理过程与相互作用

2.2.2　各种粒子

表 1 和表 2 给出了各种粒子的相关基本数据. 在表 1 中, 我们给出每个粒子的称谓 (有时是一个名称) 及其特征, 这些特征可以直接测量: 质量、平均寿命、基本衰变模式及其概率 (以百分比表示), 以及电荷等. 除此之外, 我们还给出了量子数, 例如 J (自旋)、B (重子数) 等. 表中每个单元的内容当然都不能直接反映任何经验属性, 它本身只是大量观察——包括一些间接观察——的理论处理, 如果在这种情况下, 我们允许自己考虑有关原始的经验中物质的寿命和衰变模式的信息, 那仅仅是因为更抽象的概念是分析的另一个目标.

表 1 并未包含所有在实验中观察到的粒子: 我们仅从大量已知的强子中选择了介子和重子的两个多重态; 此外, 表中不列出轻子和重子的反粒子. (我们的记号是: 在其上面加上波浪号.) 最后, 我们不给出传递相互作用的粒子, 即 γ, $W^\pm$, Z^0 和引力子.

现在我们对表中包含的粒子给出注释.

质量

粒子的质量以能量单位给出 (根据公式 $E = mc^2$), 其单位为电子伏特.

在基本粒子物理学中, 使用光速 c 和普朗克常数 h 等于 1 的单位制非常方便, 在这种情况下, 能量以电子伏特 (eV) 为单位, 即带有电子电荷的粒子通过 1 伏特的电位差所获得的能量. 系统 $\hbar = c = 1$ 中的粒子的静能 $E = mc^2$ 有简单的形式 $E = m$, 其质量以 eV 或 MeV 或 GeV 为单位表示. (1 MeV $= 10^6$ eV, 1 GeV $= 10^9$ eV.) 动量 p 也以 eV 为单位; 它的值是以 eV 为单位的量 pc. 量子力学的基本关系是振动频率 ν 与粒子能量的关系, 以及动量与其波长 λ 的关系. 在通常的单位制中, 这些关系的形式为 $E = \hbar\omega$ 和 $\lambda = \hbar/p$ 或 $\lambda = \hbar c/(pc)$, 其中 $\lambda = \lambda/2\pi$, $\omega = 2\pi/\nu$. 在 $\hbar = c = 1$ 对应的单位中, 这些关系采用 $\lambda = 1/p$ 和 $E = \omega$ 的形式. 因此, 在这些单位中, 只有一个有量纲量, 即能量. 在该单位制中, 有时间和长度量纲的量, 量纲为 E^{-1}. 为了用秒或厘米表示它们, 我们需要将它们分别乘以 h 和 hc, 并分别用 MeVs 和 MeVcm 为单位表示. 它们的数值是 2×10^{-11} MeVcm 和 0.7×10^{-21} MeVs. 例如, 在这些单位下表示的所谓的电子 $\lambda = h/(mc)$ 的康普顿波长为 $\lambda = 2 \times 10^{-11}$ MeVcm$/(0.5$ MeV$) = 4 \times 10^{-11}$ cm.

符号的词源反映了按质量进行的老式的粗略分类: 轻子 (轻的), 介子 (居中的) 和重子 (重的). 然而, 质量为 1784 MeV 的 τ 轻子已经表明, 即使是参加弱相互作用的粒子, 其质量也可能很大. 根据后一个标准, τ 也与轻子有关. 现代的观点是, 强子可以看成夸克组成的系统, 而轻子则仍然以无结构粒子的形式出现. 发现这一事实的过程中的一个重要因素是: 在强子的质谱图中已经发现了某些规律性. 特别地, 存在质量相似的强子群, 它们是质量多重态. 质量为 938.28 MeV 到 1321.32 MeV 的重子的八重态就是这种类型. 可以通过与原子光谱学进行类比, 该多重态可以用运动学术语来描述: 看成单个系统的被一个小扰动分解成的八个简并状态. 相应数学图式的学名是 $SU(3)_f$ 对称; "3" 是指表 2 中的三个夸克 u、d、s, 在这种近似对称性的框架内, 它们被认为是等效的: "f" 是味道, 是夸克种类的通用名称. 如果不区分夸克 u、d, 然后将它们组合成多重态 (p, n) 和 (π^+, π^0, π^-): 它们对应于同位旋的 $SU(2)_I$ 对称性. 这些内容将在下一节中更详细地解释. 从理论上讲, 夸克的质量是一个更复杂的概念 (由于它们不存在自由状态). 一种测定给出 $m_u \simeq 4$ MeV, $m_d \simeq 7$ MeV, $m_s \simeq 150$ MeV.

"中微子质量" 这一列是对新的趋势的认识. 中微子质量 ν_e 非常小, 直到最近, 人们仍认为零是最合理的值; 实验给出了它的一个上限的估计值. 如今, 关于这些质量是非零的猜测得到了广泛讨论, 此外, 存在一个质量矩阵, 给出了相同类型的中微子和反中微子之间, 以及不同类型的中微子之间的振荡.

寿命

除了电子、质子以及 (可能的) 中微子外, 其余的粒子在加速器或宇宙射线中生成后会迅速衰变. 其衰变速率通常可以近似为指数规律 $e^{-t/\tau}$; 此处, 表中的 τ 为平均寿命.

特征核的时间标度是 0.5×10^{-23} s, 即光走过其康普顿波长的长度所需的时间. 在这个单位制下, 上面列出的所有粒子的寿命都是很长的. 在被省略掉的强子中, 有相当不稳定的强子 $(\omega, \rho, \cdots)$; 它们曾被称为共振态. 现在已经清楚, 整个强子的分类系统及它们的特征其实是夸克系统激发态的分类, 因此应该将其归约为夸克、胶子、轻子等粒子之间更基本的相互作用.

许多衰变可以归结为同一种相互作用类型; 因而, μ 介子衰变 $\mu^- \to e^- \overline{\nu}_e \nu_\mu$ 是弱相互作用的结果, 在其他情况下, 若干种相互作用会参与衰变. 例如, 衰变 $\pi^0 \to 2\gamma$ 是由电磁作用和强相互作用引起的. 相互作用的强度与衰变的速度有关; 最弱的相互作用造成的衰变最慢.

介子八重态中的中性 K 介子引起了大家极大的兴趣. 在由强相互作用引起的反应中, 例如 $p + p \to K^0 + \Sigma^+ + p$, 它们在状态 K^0 和 $\widetilde{K}^0$ 下分别对应夸克状态 $d\tilde{s}$ 和 $\tilde{d}s$. 这些状态 K_s^0 和 K_L^0 (短寿命和长寿命) 的叠加 (线性组合) 在真空中有确定的质量和寿命. 需要考虑粒子和反粒子的叠加 (这是 K 介子特有的), 它与导致 $s \leftrightarrow d$ 转变的弱过程联系在一起. 最后, 还有两个另外的特殊叠加态 K_1^0 和 K_2^0, 它们具有确定的 CP 对称性 (电荷共轭 C 和空间反演 P 的组合). K_1^0 态可以衰变为 $\pi^+\pi^-$ 和 $2\pi^0$, 这保持 CP 对称性; 也可以按照 $K_2^0 \to 2\pi$ 衰变, 在此过程中 CP 对称性不保持.

量子数和守恒律

研究可能发生的衰变和反应的列表 (其中初始状态包含多个粒子) 使人们

能够从广义上确定该粒子的运动学, 包括其内部自由度. 在这里我们假定, 不被禁戒的所有过程都可能发生; 这些过程的概率由动力学决定.

运动学规律的最简单表达方式是守恒律. 在将守恒律应用于空间自由度时, 它们有下述特点. 自由状态下的粒子由其 4 动量向量 k 所刻画. (在每个惯性参考系中, 其空间分量对应于 3 动量, 时间分量对应于能量.) 在任何反应 $a + b + \cdots \to c + d + \cdots$ 中, 初始状态下粒子的 4 动量之和与终末状态下粒子的 4 动量之和必须相等: $k_a + k_b + \cdots = k_c + k_d + \cdots$.

由于 $k_a^2 = m_a^2$, 因此很容易看到, 例如, 任何粒子只能衰变为更轻的粒子. 它与电荷守恒律 $Q_a + Q_b + \cdots = Q_c + Q_d + \cdots$ 一起, 可以解释电子的稳定性: 唯一比电子轻的是中性粒子, 即光子和中微子.

如果我们将所有夸克 u、d、s、c、b, $\cdots$ 全部赋以重子数 $B = 1/3$, 对反夸克定义 $B = -1/3$, 对轻子定义 $B = 0$, 且在假设 B 有可加性的情况下对强子计算重子数 B, 那么事实证明, 在所有已知反应中, 重子数也守恒. 通过假设该守恒定律普遍成立, 并将其附加到 k 和 Q 的守恒定律上, 我们可以解释质子的稳定性, 并最终推断出宇宙的稳定性, 如我们所观察到的一样. 从破缺对称性层级阶梯的第一级外推 $SU(2)_I \subset SU(3)_f \subset \cdots$, 并假设夸克和轻子的对称群相同, 可导出重子数守恒定律被打破的结论, 并且得出质子将在 10^{31} 年后衰变. 为了检测到这种效应, 需要在一年中检测数百吨物质中的若干次质子衰变 (10^{31} 个核 ≈ 16 t).

类似的推理又导致引入了诸如奇异数 S 之类的可加量子数. 例如, 已经解释了为何不存在 $\Sigma^0 \to p + \gamma$, $K^0 \to 2\gamma$ 等类型的快速电磁衰变——这可以通过为强子恰当地定义奇异数, 并假设在电磁过程和强过程中奇异数守恒而得到.

如今, 这些唯象地定义的量子数, 例如同位旋、奇异数、粲数……, 在夸克模型中直接得到了解释. 我们稍后将给出它们的量子运动学解释.

关于表 2

该表反映了理论在更高水平上的推广: 除了光子和轻子之外, 它列出了不在表 1 中并且在实验中本质上为不同状态的粒子. 因此, 夸克 (和胶子) 在深度非弹性散射过程 (例如质子对电子的散射) 中作为部分子 (*parton*) 出现. 在这种过程中, 动量被传递了, 且在质心系中的次级强子的总能量必须远大于 1 GeV (它约等于质子的质量); 然后人们发现, 轻子不是与作为一个整体的质子相互作用, 而是与一个类点的组成部分相互作用, 该组成部分带有质子的 4

动量. 该类点物质称为部分子. 理论上的夸克 (和胶子) 与实验中的部分子逐渐趋于一致的历史过程, 是形式/实际存在问题的一个非常有趣的例证.

表 2 中的粒子有时称为 "基础的" (fundamental), 而不是 "基本的" (elementary).

表 1 中给出的重子和介子及其夸克组成将在表 2B 中再次出现. 这些重子由夸克 u、d、s 组成: 介子由两个夸克组成, 而重子由三个夸克组成. 这样简单的表示形式的可能性是有限的. 即使不考虑空间变量、自旋和颜色的自由度, 也必须将 π 介子 (和 η^0 介子) 视为由夸克和两种 (或三种) 类型的反夸克组成的状态的叠加. 最后, 核子的状态中存在虚拟夸克 – 反夸克对 (即夸克组成的 "海", 与我们迄今为止讨论的价夸克不同) 的相当可观的混合.

在粲介子 D^0、D^+ 和 F^+ 中发现了夸克 c; 对我们来说, 它们以夸克复合体 $c\tilde{u}$、$c\tilde{d}$、$c\tilde{s}$ 的形式出现, 并作为著名粒子 J/ψ "含有隐藏的粲数"[1] $c\tilde{c}$ 的组成部分. 夸克 b 和夸克 $\tilde{b}$ 组成 Υ 粒子, 这种 Υ 介子的质量约为 9.4 GeV. t 夸克则尚未被发现[2].

与夸克和胶子有关的直接理论问题是解释它们为何只能在局部存在, 或更确切地说是它们的色禁闭, 这里的色或者说颜色是负责强相互作用的自由度. 这种作用的性质使得它在短距离处有效地衰变. 人们从理论上理解了这种 "渐近自由" 的性质.

表 2A 自身的组织方式, 即将轻子和夸克分为若干代, 并将六个已知的轻子与六个夸克进行比较, 反映了弱相互作用、电磁相互作用和强相互作用的某些对称性, 在某种程度上已经被发现并被部分地假定. 最简单的基于 $SU(5)$ 对称性的 "大统一" 理论, 据推测, 在能量大于 10^{15} GeV 的情况下, 对称性混合了每一代的五个和十个粒子 (例如 $\gamma_{e,L}$; e_L^-; $\tilde{d}_L$, $\tilde{d}_L$ 有三种颜色, 被看作三种不同的粒子, 下标 L 表示 "自旋向左的分量").

每种给定的对称性 (如果是局部的), 也就是说, 如果它可以以不同的方式混合时空各个点上的内部自由度, 则会自动在拉格朗日框架下的量子场论中得出对规范玻色子粒子的预言, 这些规范玻色子承担了这种混合的相互作用. 属于这种类型的粒子有电弱相互作用的标准统一模型中的四个粒子: $W^\pm$、Z^0 和 γ 或者量子色动力学中的胶子.

在表格的 "其他" 项下, 我们首先列入了未发现的希格斯玻色子 H, 它在标准模型中用于为中间玻色子赋予质量. 引入 H 可能预示着我们偶然发现了

---

① 译者注: 此处 "charm" 一词双关, 既指 "粲数", 也有 "魅力" 的意思.

② 译者注: 1995 年, t 夸克由美国费米实验室在实验中发现.

下一个 "有效" 场的事实, 事实证明该场体现了某些相互作用在更基本水平上的集体效应. 然后, 我们提到由 $SU(5)$ 统一理论预言的 X 和 Y 玻色子, 它们可能会导致重子数守恒被破坏. 最后, 我们列出了有半整数自旋的粒子 (引力子和胶子) 的名称, 它们是由超对称和超引力理论预言的. 与此同时, 这些粒子的影子般的存在并未受到实体化 (materialization) 的威胁.

关于图 3

图 3 由三张图组成, 其结构非常简单. 前两张图分别绘制了重子八重态和介子八重态的粒子对应的 (I_3, Y) 平面点. 在第三张图中, 类似的图对应于考虑三个量子数 $(I_3, Y, C = 粲数)$ 后介子的 16 重态.

当强子的谱学轮廓基于味道的近似对称性出现时, 此类图可以很好地呈现这种对称性, 因为它们体现为完美的正多面体形状.

但是, 准确地说, 这些图对应另一类数学上对称的对象, 而不是正多面体. 实际上是它们的根和权的图. 单纯以对称性术语表示的根图的简单定义如下: 它是 (任意维数的) 欧几里得空间中向量的有限系统, 该向量在相对于与向量之一正交的任何超平面的镜面反射下变换为自身 (并满足一些完备性条件).

这种系统首先是在研究连续对称性时发现的, 但后来数学家在研究种类繁多而又看似彼此无关的问题时又遇到了它们. 它们出现在基本粒子的分类图式中, 可以看作额外的证据 —— 以支持它们表示 "对称性的原型" (archetype) 的事实.

2.2.3 相互作用

在经典的原子理论中, 物质粒子是力的中心. 关于基本相互作用的思想表达了量子理论中这一思想的连续性. 这种相互作用给出各种束缚态、衰变和反应.

我们简要地描述了相互作用在宇宙的组织中扮演的角色.

一般特征

原子核、中子和质子都是夸克的束缚态. 这种束缚是由夸克之间色荷的强相互作用来保证的.

这种相互作用是由胶子承载的, 它们本身也可以有色荷 (与此相反, 例如光子承担电磁相互作用但不带电荷). 强相互作用的强度随距离迅速增加. 这导致含有色荷的粒子, 即夸克和胶子, 总是被束缚在尺寸为 10^{-13} cm 数量级的系统中, 而且所有可观察到的强子的总色荷为零, 即所谓的 "白色" 态.

反过来, 原子核是相互关联的核子连接态, 其中核子之间彼此捆绑的力是强相互作用的复杂残留效应.

原子是核子和电子(第一代轻子) 的结合态; 结合力是电磁的, 而相互作用由光子承载. 普通物质的分子是原子的连接态. 其中的结合力是基于电磁相互作用的复杂效应.

规范理论中出现的主要相互作用至少在很短距离处是库仑式的. 粗略地讲, 两个带电粒子相互作用的能量在相差一个数值系数的意义上为 e^2/r (取 $\hbar = c = 1$). 该能量以 α_{el}/r 的形式表示, 其中 $\alpha_{el} = e^2/(hc)$, 并且 e 是在普通单位制下的电子电荷, 即所谓的精细结构常数. 同样, 在更短距离处的强相互作用形如 α_s/r, 其中 α_s 是强相互作用常数. 如果从更高级的观点看, 量 α_{el}, α_s 本身也会成为粒子间距离的函数.

库仑势描述了长距离相互作用的力. 但是, (电磁相互作用的) 电荷具有两个相反的符号, 并且在宏观世界的物体中, 它以电磁波的形式 (或者用微粒论/微粒说的语言, 以光子流的形式) 被高精度地中和. 电磁相互作用为我们提供了太阳的能量, 以及在地球范围之外的有关宇宙的几乎所有可以获得的信息.

太阳中的能量释放是通过核反应发生的, 其中最重要的是所谓的 pp 循环, 其中四个质子通过发射光子、正电子和中微子而转化为 He⁴ (氦 4) 核. 进入该循环的是伴随中微子释放的反应, 而中微子与弱相互作用有关, 例如 $pp \to de^+\gamma_e$ (其中 d 是氘核). 它是在阐明 β 衰变过程时发现的. 弱相互作用的半径由中间玻色子 m_W 和 m_Z 的质量决定, 其数量级为 100 GeV. 在旧的理论中, 例如, 费米耦合常数 G 由 μ 粒子的平均寿命 $\tau_\mu = 192\pi^2/(G^2 m_\mu^5)$ 所确定. 用 τ_μ 计算出的 G 的值约为 $G = 1 \times 10^{-5}/m_p^2$. 在温伯格 – 萨拉姆理论中, 该量由电磁常数 α_{el} 和 m_W 表示, 其形式为 $\pi\alpha_{el}/(\sqrt{2}m_W^2 \times \sin^2\theta_W)$, 其中 $\sin^2\theta_W$ 是该理论的数值参数, 大约为 0.2.

最后, 在宇宙尺度的系统中, 基本的结合力是引力. 在当前的基本粒子理论中, 没有考虑引力相互作用, 因为, 例如, 对于两个电子而言, 电磁相互作用是引力的 10⁴³ 倍. 但是引力相互作用是普遍的, 并且只产生相互吸引的力; 当物质累积起来之时, 它就成为主导因素.

该理论的结构中, 引力相互作用的位置非常特殊. 其经典模型, 即爱因斯坦的广义相对论, 是一个时空理论. 同时, 现实中存在的量子场和经典场是时空背景下的场. 没有已知的自洽的量子引力理论; 这个理论所预言的实验中的量子效应远远超出了现在可能的实验范围.

跑动的耦合常数

就像我们已经说过的, 理论中的耦合常数是相互作用的拉格朗日量中的系数, 在电弱理论和色动力学中, 拉格朗日量包括胶子 G、玻色子 W、一些光子的混合物, 和复合模型 (B) 中的 Z^0 玻色子以及夸克 (q) 和轻子 (l) 的波函数. 我们首先用常数 g_i 写下这些拉格朗日量:

$$g_1 \sqrt{\frac{3}{5}} B_\mu \sum_f \overline{f} \frac{y}{2} \gamma_\mu f$$

(对所有费米子 f、夸克 q 和轻子 l 求和),

$$g_2 W_\mu \left(\sum_q \overline{q}_L \gamma^\mu \frac{\tau}{2} q_L + \sum_l \overline{l}_L \gamma^\mu \frac{\tau}{2} l_L \right)$$

(q_L、l_L 表示波函数的左旋分量),

$$g_3 G_\mu \sum_q \overline{q} \gamma^\mu \frac{\lambda}{2} q$$

(Y, τ, λ 是对称群的生成元). 在能量 $\ll 100$ GeV 时这些耦合常数的 "启动值" 如下 ($\alpha_i = g_i^2/4\pi$): $\alpha_1 \sim 1/67$, $\alpha_2 \sim 1/26$, $\alpha_3 \sim 1/5$. 用 $g_i(M)$ 和 $\alpha_i(M)$ 表示在给定的传递动量为 M 时跑动耦合常数的值, 我们得到理论公式

$$g_i^2(M) - g_i^2(\mu) = 2b_i \ln \frac{M}{\mu},$$

其中, M 和 μ 这两个传递的动量, 比其中有贡献的所有粒子的质量大得多, 而 $b_1 = -4$, $b_2 = 10/3$, $b_3 = 7$ (考虑到表 2 中的三代费米子). 在图 4 中, 我们给出了 $g_i^2(M)$ 外推到高能区域的结果: $\alpha_3(M)$ 减小, $\alpha_2(M)$ 比较缓慢地减小, 而 $\alpha_1(M)$ 缓慢增加; 收敛点在 10^{15} GeV 区域. 这与普朗克尺度相距不远——在此尺度上我们不得不考虑到引力.

除了收敛点的实际存在和基于 $SU(5)$ 群的统一理论的内在吸引力之外, 人们还从中获得了确定的解释; 这就是为什么宇宙中需要三代费米子, 而仅有第一代是不够的. 我们所观察到的世界的状态——其特征是物质显著地多于反物质——可能在大爆炸之后的很早阶段 (10^{-40} s, 此时温度处于大统一的能量范围内) 是重子数不守恒 (以及 CP 对称性破缺) 的结果.

基本过程及其费曼图

在图 5 中, 我们给出了费曼图的形式.

　　每个图由直线和顶点组成, 其中每个顶点处至少有三条线相交. 这些线的类型与相应理论中的各种基本粒子对应 (以及 "鬼粒子" 之类的对象, 在此不再赘述). 顶点将理论中所假定的基本相互作用过程编码起来. 从此处采用的朴素分类观点来看, 所有可能顶点的列表是其中那些基本粒子参与相互作用行为的一个目录, 因此, 它正是给定理论所反映的相互作用本身的目录. 这里的 "理论" 指的是一个特定的拉格朗日量, 而这些顶点是相应拉格朗日量中二阶以上项的一阶近似 (请参阅 §2.4).

　　例如, 在这三张图中, 存在的顶点对应于以下过程: a) 电子发射和吸收光子; b) 由 u 夸克发射胶子; 这种胶子将吸收胶子的 d 反夸克由红色变成绿色; c) d 夸克发射 W^- 玻色子, 结果 a 夸克被转换为相同颜色的 u 夸克; d) W^- 玻色子的衰变, 伴随着电子和反中微子的发射. 忽略掉细节, 这些顶点与上一小节中相互作用的拉格朗日量的项相对应.

　　含有多条线和顶点的图可以简单地表示特定的过程. 例如, 图 5 中的第二张图说明了中子的 β 衰变的基本特点. 经过以下过程, 中子 udd 被转换为质子 uud: 在发射 W^- 玻色子后, 其中一个 d 夸克被转换为 u 夸克, 该玻色子衰变为电子和反中微子. 最后一张图说明了在 $SU(5)$ 理论中物质衰变为电磁辐射的过程: 质子的 d 夸克发射一个 X 玻色子, 并转换成正电子, 该正电子随物质电子湮灭; 一个光子的 u 夸克吸收一个 X 玻色子, 并转换成一个 u 反夸克, 与剩余的 u 夸克形成一个 π^0 介子, 然后又衰变为 γ 光子.

　　然而, 如果我们看一下该理论中究竟是哪些结构对费曼图进行编码, 那么情况就会变得复杂得多. 该理论的一个目的是用与表 1 中所提到的相同的方式来计算某些数值, 例如过程的横截面、衰变的宽度等. 这些数字以散射振幅, 即散射矩阵的矩阵元表示. 后者可以表示为微扰级数, 正如费曼图可以对应于它们的各个项. 跑动耦合常数的公式也可以通过费曼图来计算.

　　因此, 这些图是对计算方案的可视化; 我们绝不认为它是基本的. 此外, 这种计算方案——它是从拉格朗日量到物理过程的现实的数值表征的道路——及其取得的所有突出成就, 尤其是在量子电动力学方面, 都遇到了许多严重的内在问题.

　　然而, 在过去的几十年中, 该方案已被证明是决定性地影响了理论的发展. 通过微扰方法处理拉格朗日量的可能性, 即所谓的拉格朗日量的重整化, 已被视为选择物理理论的指导性原则. 相关的计算技巧已产生了许多直观图像, 物理学家已开始使用它们, 并获得了巨大成果.

　　这种类型的最重要的图像之一是 "虚粒子" 的概念, 它对应于费曼图的内

部线 (类似于我们第一张图中光子所对应的线). 对应单张图的振幅结构, 迫使我们将内部线解释为粒子的表示形式. 对该质点而言, 涉及能量、动量和静质量的相对论公式 $k^2 = m^2$ 被破坏. 但是, 由于它存在的时间很短, 因此海森伯不确定关系显然不允许这种破坏变得明显起来. 这个概念的逻辑推广是将物理真空表示为一种介质, 虚拟粒子在其中不断产生和湮灭; 另一个推广是 "穿着衣服的" 粒子——与之相对的是通过与真空相互作用而传播的 "裸" 粒子——它是对自由粒子概念的最佳现实化逼近.

上述所有这些图像都为讨论形式化存在的概念提供了丰富的材料.

2.3 量子运动学

2.3.1 运动学

经典力学中的运动学主要研究物体所有可能运动的几何特性, 而不涉及确定实际可能运动的力和质量——后者是动力学研究的对象[①]. 对系统进行运动学分析的结果是系统的几何模型: 该系统的位形空间和相空间, 以及其上的坐标函数, 即广义坐标和动量.

从广义上讲, 运动学会引入描述所研究系统的自由度空间所必需的数学结构. 尽管这里的问题不再是 "物体所有的可能运动" 所在的三维欧几里得空间, 但数学家仍然主要从几何角度考虑结构. 确切地说, 他们将处理相空间的辛几何, 其中坐标和动量之间存在对称性, 或者是量子力学中复矢量空间的酉几何. 最后, 相对论进入了互不可分的时间 – 空间 (或动量 – 能量) 自由度的运动学, 而它对应的几何结构是闵可夫斯基时空的几何及广义相对论中的弯曲时空的几何.

运动学教给我们一些以往未曾学到的教益. 它们如下所述:

a) 在自由度空间中存在少量标准的基本内部结构

在哈密顿力学中, 它们是正则坐标和泊松括号; 在量子力学中, 它们是叠加原理以及标量积, 它们定义了物理过程的振幅.

b) 某些基本自由度的相对独立性

这些结构, 包括振动模式及其量子版本——量子谐振子; 又如极化和粒子理论中的基本顶点等. 它们以与自然语言类似的方式参与到对各种系统的描述中, 就如同由少数音素出发, 可以产生各种语音行为. 从自由度出发进行

---

① 另一种说法是: 欧几里得几何是固体的运动学.

分析, 比从物理对象 (objects) 和过程出发进行分析更为基本.

在这方面, 可以看到一种理论上的趋势: 将基本系统解释为 "以纯粹的形式" 承载各个自由度的系统.

可能最清楚的例子仍然是数学中点的概念, 在运动学上它是空间自由度的纯粹载体. 康德 (Kant) 对空间的绝对化是物理模型在哲学信条中 "成为化石" (fossilization) 的一个很好的例子.

视觉感知将空间关系转化为直接体验. 古典原子论的心理倾向之一可能是自然地将宇宙划分为点状元素构成的基本系统. 与之对偶地, 简谐波展开在感官上主要涉及时间和听觉, 它所提供的有关宇宙的信息相比之下较少; 此外, 频率分析的工作通常在潜意识中进行. 同样的情况也适用于在过去十年中发现的事实, 这些事实证明上述的傅里叶分析过程在大脑视皮层中进行, 但这种傅里叶分析的结果在被感受到之前就已经被编码了.

c) 运动学对称性的重要性

运动学对称性作用在所有可能状态 (或运动) 的空间上. 通常, 每个实际过程的对称性要少得多, 因此运动学对称性是隐藏的.

即使这样, 对称性也会导致守恒律 (根据诺特 (Noether) 定理). 在基本自由度和基本对称群的不可约线性表示之间有紧密的联系, 而且这种联系在基本粒子理论中几乎是独有的. 很多量子可观测量是对称群的无穷小生成元.

总之, 我们注意到运动学描述本质上是对偶的. 其中的一个思想是关于孤立系统内部状态的, 而与存在相互作用的系统无关. 第二个思想涉及相互作用, 即系统的反应, 这些反应会告诉我们有关系统内部状态的信息. 把观测看作一种非干扰性相互作用的观念, 可能是在观测天文学的怀抱中产生的. 对这一观念的拒绝导致了长期的心理方面的斗争和认识论上的争论, 但它仍然不可逆转地发生了.

2.3.2　叠加原理

基本假设

孤立量子系统的运动学特性, 或称为量子自由度, 可通过以下数学方案描述:

a. (纯) 态的空间是一组复数向量空间 $\mathfrak{H}$ 中的 "射线". (我们将不涉及密度矩阵和混合态的定义, 而在解释有关系统信息的经典理论的不完整性时, 这些定义是必需的.)

b. 对应于状态空间 $\mathfrak{H}^{(i)}$ 的系统的复合系统 (或要联合起来考虑的复合自

由度) 的状态空间是张量积 $\otimes_i \mathfrak{H}^{(i)}$ 或它的某些子空间.

  c. 如果必须将空间为 $\mathfrak{H}^{(i)}$ 的多个系统合并视为一个系统, 则我们将这些空间的直和 $\oplus \mathfrak{H}^{(i)}$ 与该合并系统相关联.

  d. 每个状态空间 $\mathfrak{H}$ 上都赋予了一个厄米内积 $\langle \chi | \psi \rangle$. 我们定义 $|\psi|^2 = \langle \psi | \psi \rangle$. 而数值 $|\langle \chi | \psi \rangle|^2 (|\chi||\psi|)^{-2}$ 是原来处于状态 $|\psi\rangle$ 的系统此刻处在状态 $|\chi|$ 的概率. 为了如上解释该表达式, 需要假设存在一种能够进行适当测量的特定类型的经典装置.

  我们在下面列出了隐含在假设中的详细数学和物理概念. 我们注意到以下重要主题. 基本粒子的状态由几个自由度 (如时空、极化、颜色等) 等描述, 并且与这些自由度对应的空间将被分别分析. 可以利用在假设 b 和假设 c 中出现的单粒子状态空间的张量代数, 来描述包含在粒子的产生和湮灭中的量子自由度. §2.3.4 介绍了这种 "二次量子化" 机制. 最后, 我们不能掩盖一个事实, 即在相对论性量子场论模型中, 被二次量子化的场的状态空间的存在性尚未从数学上证明, 而且已在部分可靠框架内进行的计算尚未有一个泛函分析理论的基础. 这可能意味着以上假设中反映的标准意识形态过分简单: 在用于费米子时它反映了部分真理, 但对于非阿贝尔的规范玻色子需要更加严格地考虑. 同时, 让我们回到细节中来.

  向量空间和线性叠加向量空间, 或称线性空间 $\mathfrak{H}$, 是一个集合, 其中的元素可以相加, 也可以与复数相乘: 如果 $\chi, \psi \in \mathfrak{H}$, 则 $a\chi + b\psi \in \mathfrak{H}$, 其中 a, b 是复数. 这些运算必须满足 "中学代数" 的通常规则: $(a+b)\psi = a\psi + b\psi$, $a(b\psi) = (ab)\psi$ 等. 最简单的例子是长度为 n 的列向量 (或行向量) 的空间, 其中元素逐个坐标地进行加法和数量乘法. 第二个例子是某些变量 $x_1, \cdots, x_k$ 的复变量函数构成的空间; 可能会对函数施加额外条件, 例如平方可积性、或满足某些微分方程等. 长度为 n 的列向量组成的空间为 n 维; 而函数空间通常是无限维的. 空间的维数是 $\mathfrak{H}$ 中基向量的最小数量, 使得其中任何向量都可以表示为基向量的线性组合.

  线性空间上的**厄米标量积**是两个变量的复值函数 $\langle \chi | \psi \rangle$, 满足条件

$$\langle \chi | \psi \rangle = \overline{\langle \psi | \chi \rangle}$$

(其中, 表达式上方的横线表示复共轭):

$$\langle \chi | a\psi_1 + b\psi_2 \rangle = a\langle \chi | \psi_1 \rangle + b\langle \chi | \psi_2 \rangle; \quad |\chi|^2 = \langle \chi | \chi \rangle > 0$$

($\chi = 0$ 时除外). 一个典型的例子是:

$$\langle (x_1, \cdots, x_n) | (y_1, \cdots, y_n) \rangle = \sum_{i=1}^{n} \overline{x}_i y_i.$$

使得 $\langle \chi | \psi \rangle = 0$ 的向量 ψ, χ 称为互相正交; 而使得 $|\psi| = 1$ 的向量称为归一化的. 带有厄米标量积的空间 $\mathfrak{H}$ 称为希尔伯特空间, 形如 $\sum \psi_n$ 的序列, 若满足 $\sum |\psi_n|^2 < \infty$, $\langle \psi_m | \psi_n \rangle = 0$, 则收敛到空间中的某个向量. 对有限维空间情形, 该条件必定成立.

在 $\mathfrak{H}$ 是某个量子系统的状态空间的情形中, 通常可以指定一种装置或过程, 使得它可以产生系中的基本态 (即表征该过程的给定基态) 之一. 斯特恩 (Stern) - 格拉赫 (Gerlach) 实验中的不均匀磁场将自旋 1/2 的离子束分成两束; 该过程提供了二维极化空间的一个基. 当粒子的空间坐标固定时, 通过计数器记录粒子, 会产生一个态. 与此对应的理想基是由狄拉克 δ 函数 $\delta(x - x_0)$ 描述, 其中 x_0 是计数器的时空标记; 它们可以被视为对应空间自由度的基. 在加速器中进行实验时, 实验者准备了动量值固定的粒子; 这是同一状态空间的另一个基. (如今, 维数的无限性导致的数学上的优点已广为人知, 而我们在此省略了它们; 从一个基到另一个基的转变是一个傅里叶变换. 与此有关的详细讨论, 请参见下文.)

对给定的向量 $\psi \neq 0$, 任何向量 $a\psi$ 都定义相同的态 (其中 $a \neq 0$). 如果我们假设 ψ 和 $a\psi$ 均被归一化, 则剩余的任意性 $a = e^{i\phi}$ 对应于相位因子的选择. 只要我们不考虑系统中的相互作用, 态矢量乘以相位因子就不会改变它对应的态, 但是相位因子在描述相互作用时至关重要. 通常可以用实的归一化形式表示两个状态的叠加态: $\chi = \cos\theta \cdot \psi_1 + \sin\theta \cdot \psi_2$, 其中 θ 称为混合角.

混合角是当今一些模型中非常重要的自由 (即不是由理论本身给出的) 参数. 例如, 温伯格角 $\theta \approx 27°$ 作为另外两个基本场 A_3 和 B 的叠加形式进入了对光子的描述: 在希格斯场打破了原始的对称性之后, 这种叠加态就成为电弱场的物理上的可观测态. 在上一章的表格中, π^0 介子是夸克和反夸克状态 $u\tilde{u}$ 和 $d\tilde{d}$ 的中性叠加态; η^0 介子是 $u\tilde{u}$, $d\tilde{d}$ 和 $s\tilde{s}$ 的叠加态; K_0 和 $\tilde{K}_0$ 介子是具有不同寿命的介子 K_L 和 K_S 的相互正交的叠加态.

现在假设状态空间 $\mathfrak{H}$ 已表示为子空间的正交直和 $\oplus \mathfrak{H}_i$. 在某些特定条件下, 或者例如忽略了某些相互作用时, 可能不是所有的状态 $\psi \in \mathfrak{H}$ 都可以作为物理上可实现的状态出现, 而只能作为某些区块 $\mathfrak{H}_i$ 的成员出现. 在这种情况下, $\mathfrak{H}_i$ 可用来指代单独的系统.

现在, 我们描述最重要的 "基本自由度".

时空

在经典物理中, 质点所在状态的空间是物理的欧几里得空间 $\mathbb{R}^3$. 在薛定谔的量子力学中, 这个空间则被 $\mathbb{R}^3$ 上的复值函数空间所取代. 每个这类函数都可被视为一系列狄拉克 δ 函数的叠加 $\psi(x) = \int \psi(x')\delta(x - x')$. 通过假设 $\delta(x)$ 描述了与位于点 O 处的粒子相对应的量子态, 我们发现薛定谔表述 (几乎) 是以下两个假设的推论: a) 叠加原理, b) 存在精确地定域在空间中的状态 ("对应原理").

现在, 我们考虑一种完全非定域的量子态, 即不会被空间平移改变的量子态. 相应的 ψ 函数满足泛函方程 $\psi(x + a) = e^{if(a)}\psi(x)$, 其中, 容易看出相位 $f(a)$ 是 $\mathbb{R}^3$ 上的线性函数, 即 $f(a) = p \cdot a = p_k \cdot a_k$. 因此 $\psi_p(x) = e^{ipx}$, 其中由状态 $\psi_p(x)$ 所唯一确定的向量 p 称为粒子在该量子态下的动量. 标量积 $p \cdot x$ 由作用量 $\hbar$ 的普朗克单位度量, 因此为实数. 处于状态 $\psi_p(x)$ 的粒子对应的特征波长为 $2\pi/p$, 因此, 在与此类粒子相互作用的过程中, 目标的空间结构可以在 $1/p$ 量级的距离上被解析 (仅用 p 表示所传递的动量, 也就是说, 实际参与相互作用的动量的分数).

在时空 $\mathbb{R}^4$ 上进行类似讨论, 将得出相对论运动学中的平面波类型为 $e^{-ik \cdot x}$ 的状态的特定 (distinguished) 类, 其中 $k = (p, E)$ 为 4 动量, 而 $x = (x_1, x_2, x_3, t)$; $k \cdot x = -p_i x_i + Et$, 其中 E 是能量所对应的部分 (Et 与 $\hbar$ 量纲相同). 在改变惯性坐标系时, k 也会变化, 但 $k^2 = E^2 - p_i p_i$ (粒子质量的平方) 保持不变.

平面波类型的态通常由实验物理学家制备, 但是在基本粒子中, 仅能在轻子上得到这些态. 夸克的平面波态仅在渐近自由的小距离处才是可观的近似; 深度非弹性过程中的所谓强子束提供了支持其真实性的证据. 在如核子数量级的尺寸上, 夸克以稳定形式结合, 可以尝试使用球面波作为向量基; 它们会像袋子中的小球一样被锁定在较小的体积中. 当然, 在自洽的理论中, 事情理应在数学上变得更加有趣.

因此, 处理时空自由度的一般方案如下: $\mathfrak{H}_{sp}$ 是关于时空坐标的函数构成的空间. 任何此类函数都是一个场, 因此, 即使系统由粒子组成, 系统的状态也具有场的特性. 在未来的理论中, 必须以如下方式解释引力相互作用, 即在 (非量子论的) 经典极限下, 引力相互作用必须用爱因斯坦的弯曲时空来描述. 这样的一般时空不含有使人能够引入平面 (或球面) 波的对称性, 并且我们失去了微扰理论计算装置的许多常用设施.

尽管如此, 在经典的弯曲时空背景下, 量子场论的大多数构造都可以用相同的方式自洽地进行.

极化

自旋或极化自由度由一个具有角动量量纲的量刻画. 由于无结构的费米子自旋为 1/2, 即其内部角动量为 $\hbar/2$, 因此必须将其自旋视为内部自由度. 但是, 它与时空特性密切相关. 特别是, 时空对称群的二重覆盖[①]同时作用于极化自由度的空间. 其他 "完全内部的" 自由度均没有此属性. 我们列出了 $J = 1/2$ 时自旋状态空间的主要特征.

与状态空间的每个点相关联的是狄拉克双旋量 $\psi = \binom{u}{v}$ 的复数 4 分量空间, 其中 u, v 是含有两个分量的旋量. 自旋 ψ 满足以下形式的线性狄拉克方程:

$$i\partial_k \gamma^k \psi = m\psi,$$

其中 γ^k 是满足条件

$$\gamma^j \gamma^k + \gamma^k \gamma^j = g^{jk}, \quad g^{jk} = \mathrm{diag}(1, -1, -1, -1)$$

的四维矩阵.

在恰当选择矩阵 γ^j 后, 旋量 v 在粒子的静止参考系中变为零, 而此时与形式为 $\binom{1}{0}$ 和 $\binom{0}{1}$ 的旋量 u 对应的是两种自旋态, 恰恰是自旋 $J = 1/2$ 的粒子所应有的情况.

在描述无质量的费米子时, 使用矩阵 γ 的另一种表示更为方便, 其中在洛伦兹变换下, 旋量 u 和 v 各自独立地变换. 在这里, 旋量矩阵 $\binom{u}{0}$ (记作 2_R) 对应沿着运动方向自旋的粒子态, 而旋量 $\binom{0}{v}$ (记作 2_L) 对应与运动方向相反的自旋态. (这就是所谓的右旋、左旋的粒子和旋量.)

相同的狄拉克方程也描述了反粒子.

同位旋

我们可以为同位旋为 $I = 0, 1/2, 1, 3/2, \cdots$ 的粒子关联一个 $2I + 1$ 维的内部空间. 在最初的海森伯版本中, 将对应于 $I = 1/2$ 的空间作为中子和质子的叠加空间引入. 后来在数学上, 它被用来表达在强相互作用中 n 和 p 的不可区分性. 在现代的范式中, 这是 u 夸克和 d 夸克的叠加态构成的空间.

[①] 译者注: 即 spin 群.

弱同位旋

在由温伯格 – 萨拉姆模型描述的弱相互作用中, 出现了被称作弱同位旋的自由度. 弱同位旋空间 2_W 中的状态在轻子区块中由左极化轻子的二重态 $\binom{\nu_e}{e}_L$、$\binom{\nu_\mu}{\mu}_L$、$\binom{\nu_\tau}{\tau}_L$ 表示, 在夸克区块中, 出现了有趣的代际混合现象. 事实证明, 进入二重态 2_W 的夸克与物理上的夸克 u、c、t 和 d、s、b 不同. 如果我们用符号 $\binom{u'}{d'}$、$\binom{c'}{s'}$、$\binom{t'}{b'}$ 来表示三个等价的 2_W 表示, 那么物理上的夸克——它们是有特定质量的强子的组成部分——是与上夸克和下夸克独立的叠加态. 因而我们有, 例如, $d = \alpha d' + \beta s' + \gamma b'$ 等.

颜色

夸克的强相互作用是由一个非常重要的自由度引起的, 对粒子 u、b、e、s 等而言, 该自由度对应三维颜色空间 3_C, 而其反粒子, 则对应空间 $\bar{3}_C$. 该空间的三个基向量通常由基向量的三重基态 "红色、黄色、蓝色" 表示 (而对空间 $\bar{3}_C$ 则用相应的 "反颜色" 表示). 这些自由度与特定色荷的载荷子相关.

重要的是, 在 3_C 中, 没有物理上可区分的状态矢量. 用即将解释的语言来讲, 这意味着颜色对称不会被任何因素破坏. 因此, "红色、黄色、蓝色" 这些名称不仅在标准语义上是人为约定的, 而且在更深刻的意义上也是人为约定的: 它们在 3_C 空间中并不表示具体矢量, 就如同 "长度、宽度、高度" 并不表示物理空间中的实际方向一样 (尽管在实验室中, 地球的引力场破坏了这种对称性, 它将 "高度" 单独区分出来).

组合起来的自由度

根据本节开头的假设 b , 为了构建考虑到系统各种自由度的系统状态空间, 我们必须构造这些自由度所对应的空间的张量积.

我们对该数学结构进行简要描述.

设 $\mathfrak{H}_1, \cdots, \mathfrak{H}_m$ 为向量空间, 则它们的张量积包含形式为 $\psi^{(1)} \otimes \cdots \otimes \psi^{(m)}$ 的所有可能元素 (其中 $\psi^{(i)} \in \mathfrak{H}_i$)——它们称为可分解的——及其所有叠加 (即线性组合). 在可分解态下, 系统在每个自由度上的状态是完全确定的: $\psi^{(i)}$ 在 $\mathfrak{H}_i$ 中. 如果自由度与子系统相对应, 则对可分解态, 这些子系统可保持其个体性; 第 i 个子系统处于状态 $\psi^{(i)}$. 对宇宙的任一部分, 只有在其量子态接近可分解时, 我们才能将其分解为各个组成部分来进行分析.

向量 $\psi^{(1)} \otimes \cdots \otimes \psi^{(m)}$ 的张量积对其每个分量都是线性的, 并且该运算中未引入其他任何条件. 因此, 例如, 可以按以下方式构造 $\mathfrak{H}_1 \otimes \cdots \otimes \mathfrak{H}_m$ 中的

基: 我们在每个空间 $\mathfrak{H}_i$ 中选择一个基, 然后在每个基中选择一个向量, 最后将上述所有向量用张量积运算乘在一起. 存在这种由可分解的张量构成的基, 表明张量积空间的维数等于各个分量空间维数的乘积. (无限维的情况我们需要考虑无穷序列和收敛性; 在此处我们忽略它.) 利用 $\mathfrak{H}_1$ 和 $\mathfrak{H}_2$ 上的标量积, 可以按照以下方式定义在张量积空间 $\mathfrak{H}_1 \otimes \mathfrak{H}_2$ 上的标量积, 即

$$\langle \psi^{(1)} \otimes \psi^{(2)} | \chi^{(1)} \otimes \chi^{(2)} \rangle = \langle \psi^{(1)} | \chi^{(1)} \rangle \langle \psi^{(2)} | \chi^{(2)} \rangle.$$

如果 $\mathfrak{H}_i$ 是行向量 $(\psi_k^{(i)})$ 构成的空间, 其中 k 遍历 $\mathfrak{H}_i$ 中基向量的指标集, 则 $\mathfrak{H}_1 \otimes \cdots \otimes \mathfrak{H}_m$ 的张量基是 m 维矩阵 $(\psi_{k_1,\cdots,k_m})$ 的空间, 其中每个 k_i 遍历其指标集. 使用狄拉克符号, 若 k_i 为量子数, 则 $\psi_{k_1,\cdots,k_m}$ 可写成 $|k_1,\cdots,k_m\rangle$ 等.

在考虑 m 个相同空间张量积的情况下, $\mathfrak{H}^{\otimes m} = \mathfrak{H} \otimes \cdots \otimes \mathfrak{H}$ 有两个重要的子空间, 这些子空间是由在指标置换下对称的性质定义的.

空间 $S^m\mathfrak{H}$, 即 $\mathfrak{H}$ 的 m 次对称积是由 $\dfrac{1}{m!}\sum_\sigma \psi^{\sigma(1)} \otimes \cdots \otimes \psi^{\sigma(m)}$ 形式的张量生成的, 其中 σ 取遍指标集的所有置换. 类似地, 空间 $\Lambda^m\mathfrak{H}$, 由形如 $\dfrac{1}{m!}\sum_\sigma \varepsilon_\sigma \psi^{\sigma(1)} \otimes \cdots \otimes \psi^{\sigma(m)}$ 的张量生成, 它称为 $\mathfrak{H}$ 的 m 次外幂 (也称为反对称积或格拉斯曼积), 其中对偶置换有 $\varepsilon_\sigma = +1$, 对奇置换有 $\varepsilon_\sigma = -1$.

例如, $\mathfrak{H} \otimes \mathfrak{H}$ 可分解为两个区块的直和: 对称部分 $S^2\mathfrak{H}$ 和反对称部分 $\Lambda^2\mathfrak{H}$. 当 $m > 2$ 时, 与相应置换群的性质相关, 存在对称性更加复杂的张量; 但是, 它们远不及 $S^m\mathfrak{H}$ 和 $\Lambda^m\mathfrak{H}$ 那么重要.

张量可以相乘: $(\psi_1 \otimes \cdots \otimes \psi_k) \otimes (\psi_{k+1} \otimes \cdots \otimes \psi_s) = \psi_1 \otimes \cdots \otimes \psi_s$. 因此, 我们可以引入空间 $\mathfrak{H}$ 的张量代数: 它是所有空间 $\mathfrak{H}^{\otimes m}$ 的直和, 其中 $m \geqslant 0$, 而 $\mathfrak{H}^{\otimes 0}$ 只是复数.

两个对称张量的张量积通常不是对称的, 但可以被对称化. 然后, 我们得到在对称代数 $S\mathfrak{H} = \bigoplus_{m=0}^{\infty} S^m\mathfrak{H}$ 上的交换和结合的乘法. 同样, 可以定义外代数 (即格拉斯曼代数) $\Lambda\mathfrak{H} = \bigoplus_{m=0}^{\infty} \Lambda^m\mathfrak{H}$: 两个反对称张量的外乘积是将其张量积反对称化的结果.

在物理学中, $S\mathfrak{H}$ 和 $\Lambda\mathfrak{H}$ 称为福克空间; 之后我们会讨论它们在二次量子化中扮演的角色.

在实际计算中, 张量积和对称化计算的各种组合运算规则起着至关重要

的作用. 在这里我们不给出系统的说明, 而是先举出以下简单的例子:

$$\Lambda^2(\mathfrak{H}_1 \otimes \mathfrak{H}_2) = \Lambda^2\mathfrak{H}_1 \otimes S^2\mathfrak{H}_2 \oplus S^2\mathfrak{H}_1 \otimes \Lambda^2\mathfrak{H}_2.$$

换句话说, 可以将在总指标 (ik) 中反对称的 2-张量唯一地分解为两个张量之和, 第一个张量对 i 反对称, 但对 k 是对称的; 而第二个张量则相反.

现在我们来看物理学中的示例.

基本粒子

$\mathfrak{H}_{\text{sp-t}} \otimes (2_L \oplus 2_R)$ (其中 $\mathfrak{H}_{\text{sp-t}}$ 是波函数的时空部分) 描述了自旋1/2 而没有额外自由度的狄拉克粒子. 中微子就是这种类型; 如果中微子 (例如 ν_e) 是无质量的, 那么在我们考虑的相互作用中, 只有左旋粒子参与, 我们必须将自身限制在 $\mathfrak{H}_{\text{sp-t}} \otimes 2_L$ 范围内. 为了考虑 e^+ 单位制中电荷为 a 的情况, 可以方便地引入一维内部空间 $\mathbf{1}_{em}^a$ 以及以下用于张量乘法的规则:

$$\mathbf{1}_{em}^a \otimes \mathbf{1}_{em}^b = \mathbf{1}_{em}^{a+b} \quad \text{且} \quad \overline{\mathbf{1}}_{em}^a = \mathbf{1}_{em}^{-a}.$$

这样, 电子–正电子单粒子对应的态空间将为 $\mathfrak{H}_{\text{sp-t}} \otimes (2_L \otimes \mathbf{1}_{em}^{-1} + 2_R \otimes \mathbf{1}_{em}^1)$[①]. 为了研究弱相互作用, 每一代的轻子及其中微子都被合并为一个左弱同位旋双重态, 其态空间为 $\mathfrak{H}_{\text{sp-t}} \otimes 2_L \otimes 2_W$. 给定类型的夸克 (例如 k) 对应于空间

$$\mathfrak{H}_{\text{sp-t}} \otimes (2_L \otimes \mathbf{1}_{em}^{2/3} + 2_R \otimes \mathbf{1}_{em}^{2/3}) \otimes 3_C.$$

将状态空间按照与之前描述类似的方式分解为区块和张量积, 通常会在另一种情况下出现, 作为群表示和对称性分解的层次结构. 在下一节中, 我们将回到这种观点.

将全同粒子统一起来

如果某个系统对应的态空间为 $\mathfrak{H}$, 则 m 个相同的系统所对应的态空间不是完整的张量积 $\mathfrak{H}^{\otimes m}$, 而是由关于置换的对称性条件选择出的子空间.

如果粒子是玻色子 (自旋为整数), 则其 m-粒子空间为 $S^m\mathfrak{H}$; 如果它是费米子 (自旋为半整数), 则空间为 $\Lambda^m\mathfrak{H}$. 例如, 在氢原子的双电子云的非相对论描述中, 我们有状态空间 $\Lambda^2(2 \otimes \mathfrak{H}_{\text{sp}})$, 其中 2 表示两个分量的泡利自旋空间, 而 $\mathfrak{H}_{\text{sp}}$ 表示薛定谔波函数的空间. 它分解为两个区块的直和: 对应空间 $\Lambda^2(2) \otimes S^2\mathfrak{H}_{\text{sp}}$ 的自旋单重态和对应空间 $S^2(2) \otimes \Lambda^2\mathfrak{H}_{\text{sp}}$ 的自旋三重态. 这两个区块是正交的, 它们之间的路径被运动学禁戒, 这反映在氢光谱的奇异性上.

---

① 译者注: 此处似应为 $\mathfrak{H}_{\text{sp-t}} \otimes (2_L \otimes \mathbf{1}_{em}^{-1} \oplus 2_R \otimes \mathbf{1}_{em}^1)$.

自从经典论证之后的半个世纪以来, 类似论证已成为支持高度神秘的空间 3_C 的最重要证据之一. 以下是其简化版本. 存在自旋 3/2 和轨迹角动量的三个相同夸克的重子态, 这证明了状态波函数相对于夸克坐标的置换的对称性 (例如粒子 $\Delta^{++} = uuu$). 如果我们对 u 夸克赋予空间 $\mathfrak{H}_{\mathrm{sp}} \otimes 2$ 并假设它服从费米统计, 那么我们发现波函数 Δ^{++} 位于 $\Lambda^3(\mathfrak{H}_{\mathrm{sp}} \otimes 2)$ 空间的 $S^3\mathfrak{H}_{\mathrm{sp}}\otimes$? 区块中. 不难看出, 由于自旋空间是二维的, 这个具有相对于坐标置换对称的波函数的区块应为零. 引入 3_C 空间, 人们便可以通过将 Δ^{++} 定位到 $S^3(\mathfrak{H}_{\mathrm{sp}} \otimes 2) \otimes \Lambda^3 3_C$ 中来挽救现状. 应当注意, 空间 Λ_C^3 是一维的: 与其对应的颜色态是红色 $\wedge$ 蓝色 $\wedge$ 黄色, 即 "白色". 在介子的二夸克区块中, $\overline{红色}\otimes红色 + \overline{蓝色}\otimes蓝色 + \overline{黄色}\otimes黄色$ 被称为白色矢量. 注意, 即使我们在 3_C 中为 (红色, 蓝色, 黄色) 取一组完全不同的正交基, 此白色向量也不会改变. 与白色矢量正交的 $\overline{3}_C\otimes 3_C$ 子空间描述了胶子的八个颜色自由度: 按照惯例, 我们说 $\overline{红色}\otimes蓝色$ 类型的胶子通过强迫夸克 $q^{红色}$ 和 $q^{\overline{蓝色}}$ 交换色荷而将它们结合在一起.

夸克连接态的无色性的运动学规律在量子场论中应该有动力学的解释. 微扰理论的计算支持存在三种颜色, 其中三种颜色的性质导致所谓的反常消除 (cancellations of anomalies), 以及在质心系中, 反应的截面比率 $\sigma(e^+e^- \to$ 强子$)/\sigma(e^+e^- \to \mu^+\mu^-)$ 关于总能量的依赖关系. 对于该比率, 理论公式给出的量为: (颜色总数) $\times$ (在给定能量下自由生成的夸克的电荷平方的总和). 实验图表显示了对应于三种颜色的平台, 其值为 $R(u,d,s) = 2$; $R(u,d,s,c) = 10/3$ (电荷的平方和).

2.3.3　对称性与可观测量

一般信息

设 $\mathfrak{H}$ 为量子系统的状态空间. 为了描述经典物理学中的每个状态, 人们提出了一种可能性, 即在每个状态下测量某些物理量 (例如能量、坐标、动量等) 的值的可能性. 在哈密顿力学中, 通过系统相空间中的可微函数提供了此类量 —— 可观测量 —— 的数学模型. 在量子力学中, 厄米线性算子在 $\mathfrak{H}$ 上提供了可观测量的数学模型, 即 $\mathfrak{H}$ 到其自身的谱为实数的线性映射, 可在 $\mathfrak{H}$ 的正交基上对角化. 然后, 与经典力学中可观测量在系统的每个状态下都得到确定值不同, 每个量子可观测量定义了一组状态, 在其中每个状态上其值是确定的: 它们是算符的本征态和本征值. 量子可观测量 (算符) A 与测量该可观测量的某些设备相关联. 然后, 这种测量会得出该可观测量所对应的算符 A

的一个特征值.

哈密顿力学中的每个可观测量 f 不仅是一个关于相空间中坐标的函数, 而且还是一个正则变换或相流的单参数生成元. 相对于时间的运动, 是由这个特殊的函数 H (哈密顿量) 产生的相流. 其余的正则变换是相空间的运动学对称性. 它们保留了哈密顿运动方程的形式, 但总的来说, 它们会改变哈密顿量和轨迹.

以完全相同的方式, 每个量子可观测量 A 是单参数群 e^{itA} 的生成元, 其中 e^{itA} 是 $\mathfrak{H}$ 的线性变换并保持跃迁振幅. 在此处, 关于时间的运动也由哈密顿量或称能量算子定义.

事实证明, 将量子系统的对称群 (或其无穷小生成元的李代数) 视为原始数学对象, 是富有成果的. 然后, 态空间 $\mathfrak{H}$ 被构造为该群的线性表示, 而这个群的生成元 (或某些关于它们的函数) 则是基本的可观测量.

现在, 我们对该方案的数学和物理方面进行更详细的描述.

酉群和厄米算符

设 $\mathfrak{H}$ 为具有厄米标量积的 n 维复空间, 被作为某个量子系统的自由度空间. 我们考虑该空间上的所有线性变换 (与叠加原理兼容) 并保持标量积. 这些变换形成酉群 $U(n)$. $U(n)$ 是量子系统运动对称性的基本群. 具有正数行列式 (实际上等于 $+1$) 的酉变换的子群由 $SU(n)$ 表示 (此处 S 意为 "特殊"(special)). 在正交基上, $U(n)$ 由 $n \times n$ 的复矩阵 V 组成, 使得 $VV^+ = 1$, 其中 $V^+ = \overline{V}^T$, 换句话说, $V_{ik}^+ = \overline{V}_{ki}$.

$U(1)$ 由模为 1 的那些复数组成, 即相位因子 $e^{i\omega}$, 其中 ω 为实数. 类似地, $U(n)$ 中的每个元素都可表示为 e^{iX} 的形式, 其中 X 是厄米算符. 每个厄米算符 X 会定义 $\mathfrak{H}$ 的一些正交基, 在这些基下, X 的矩阵为实对角矩阵. 取定一个这样的正交基, 则每个厄米算符由矩阵 X 表示, 满足 $X^+ = X$. 这些算符不构成一个群, 而形成一个实李代数 $u(n)$, 即一个在 (李) 括号运算 $\frac{1}{i}[X,Y] = \frac{1}{i}(XY - YX)$ 下封闭的实线性子空间. 当且仅当 X 的迹为零时, 矩阵 e^{iX} 位于 SU 中: $\mathrm{tr}X = X_{kk}$ (即对 k 求和) $= 0$. 迹为零的厄米矩阵形成李代数 $su(n)$. 现在, 我们显式地给出粒子理论中使用的 $su(2)$ 和 $su(3)$ 的基.

a. 狄拉克矩阵和泡利矩阵

$su(2)$ 的基由泡利矩阵

$$\sigma_1 = \begin{pmatrix} 0 & 1 \\ 1 & 0 \end{pmatrix}, \sigma_2 = \begin{pmatrix} 0 & -i \\ i & 0 \end{pmatrix}, \sigma_3 = \begin{pmatrix} 1 & 0 \\ 0 & -1 \end{pmatrix}$$

组成, 它们满足对易关系

$$\frac{1}{\sqrt{-1}}\left[\frac{\sigma_i}{2}, \frac{\sigma_j}{2}\right] = \varepsilon_{ijk}\frac{\sigma_k}{2}; \quad \varepsilon_{123} = 1,$$

其中 ε_{ijk} 是完全反对称的. 如果我们考虑一个自旋为 1/2 的在其静止参考系中有磁矩的质点粒子, 那么在其自旋态的二维空间中, 使 σ_k 对角化的那些状态对应于质点的定态. 特别是, 用来写出这些矩阵的基由 "自旋沿 x_3 (或 z) 轴的方向投影为 1/2 或 $-1/2$" 的状态组成. 我们已提及过, 这种解释规则将时空自由度与极化联系起来.

如果 $\mathfrak{H} = 2_I$ 是同位旋为 1/2 的粒子的同位旋空间 (p, n, Ξ^0, Ξ^-; u, d, 请参阅 §2.2.1 中的表), 则以泡利矩阵形式作用在其上的算符通常用 τ_j 表示. 它们是在 τ_3 对角化的基上写出的, 在表中, I_3 表示在此基上的特征值 $(1/2)\tau_3$. 但是, 有时将 I_3 称为 "同位旋在第三个坐标轴上的投影"; 这是没有意义的, 因为它与时空没有任何关系. τ_3 的本征态被视为实际的物理粒子; τ_3 的本征值的符号选择由粒子的电荷决定 ($+1/2$ 对应于带有更大电荷的粒子; 通过考虑 K^0 介子的夸克组成, 可消除此处的含混性). 类似的讨论适用于弱同位旋空间.

b. 盖尔曼矩阵

$su(3)$ 的基由盖尔曼矩阵组成:

$$\lambda_1 = \begin{pmatrix} 0 & 1 & 0 \\ 1 & 0 & 0 \\ 0 & 0 & 0 \end{pmatrix}, \quad \lambda_2 = \begin{pmatrix} 0 & -i & 0 \\ i & 0 & 0 \\ 0 & 0 & 0 \end{pmatrix}, \quad \lambda_3 = \begin{pmatrix} 1 & 0 & 0 \\ 0 & -1 & 0 \\ 0 & 0 & 0 \end{pmatrix},$$

$$\lambda_4 = \begin{pmatrix} 0 & 0 & 1 \\ 0 & 0 & 0 \\ 1 & 0 & 0 \end{pmatrix}, \quad \lambda_5 = \begin{pmatrix} 0 & 0 & -i \\ 0 & 0 & 0 \\ i & 0 & 0 \end{pmatrix}, \quad \lambda_6 = \begin{pmatrix} 0 & 0 & 0 \\ 0 & 0 & 1 \\ 0 & 1 & 0 \end{pmatrix},$$

$$\lambda_7 = \begin{pmatrix} 0 & 0 & 0 \\ 0 & 0 & -i \\ 0 & i & 0 \end{pmatrix}, \quad \lambda_8 = \frac{1}{\sqrt{3}}\begin{pmatrix} 1 & 0 & 0 \\ 0 & 1 & 0 \\ 0 & 0 & -2 \end{pmatrix}.$$

这些算子作用在由夸克态 $q^\alpha = \begin{pmatrix} u \\ d \\ s \end{pmatrix}$ 生成的、空间 $\mathfrak{H} = 3_f$ 中的 "味道" 空间上, 负责强相互作用的近似 $SU(3)_f$ 对称性. 具有 $SU(3)_c$ 对称性的另一个非常重要的空间是色空间. 夸克 u、d、s 的量子数是由以下算符 (其中 λ_0 是单位矩阵) 作用在这些态上的本征值:

$$I_3 = \frac{1}{2}\lambda_3; \quad Q = \frac{1}{2}\lambda_3 + \frac{1}{2\sqrt{3}}\lambda_8;$$

$$Y = \frac{1}{\sqrt{3}}\lambda_8; \quad S = \frac{1}{\sqrt{3}}\lambda_8 - \frac{1}{3}\lambda_0.$$

正如我们将在后面解释的那样, 这些算子还定义了可观测的强子的量子数, 但是它们对应到 $SU(3)$ 的不同表示.

可观测量

关于可观测量的一般假设可以陈述如下: 设系统对应的态空间为 $\mathfrak{H}$, 则该系统的每个可观测量可对应到一个厄米算符 A, 它满足如下性质:

a. A 的谱, 即使得算符 $A - a$ 不可逆的实数 a 的集合, 是通过测量系统各种状态下的值而获得的数量的完备集.

b. 如果 ψ 是算子 A 对应于特征值 a 的特征向量, 则在状态 ψ 下测量 A 时, 我们肯定会得出结果 a.

c. 更一般地, 在状态 ψ 上测量 A 时, 其中 $|\psi| = 1$, 我们得到的值位于区间 (a, b) 中的概率, 等于 ψ 到 $\mathfrak{H}$ 中与该区间相应的本征空间上正交投影的范数的平方, 即 $\langle \psi | p^A_{(a,b)} | \psi \rangle$.

在前面的小节中, 我们指出了与内部自由度上的可观测量相对应的几个算符, 即自旋和同位旋的投影、超荷和奇异数. 量子的空间坐标、动量和角动量的投影是无限维空间上的算子, 并且它们的谱不仅可以包含离散的部分, 而且可以包含连续的部分. 最后, 如果谱是无界的, 那么这些算子就不会在所有态矢量上定义.

算符 $i\partial/\partial x^\mu$ 将平面波 e^{-ikx} 转换为 $k_\mu e^{-ikx}$, 因此, 它对应于 4 动量在第 μ 个坐标轴上的投影. 另一方面, $\partial/\partial x^\mu$ 是庞加莱群中的一个生成元, 即空间中第 μ 个方向的平移. 类似地, 空间的无穷小旋转对应角动量可观测量.

期望值和不确定性关系

为简单起见, 设 A 是有限维空间 $\mathfrak{H}$ 上的可观测量. 显然, $A = \sum a_i P_i$, 其中所有 a_i 组成 A 的谱, 而 P_i 是到对应于 a_i 的本征空间上的投影. 对于已归一化的态 ψ, 我们有 $\langle \psi | A | \psi \rangle = \langle \psi | \sum a_i P_i | \psi \rangle = \sum a_i \times$ 在状态 ψ 下测量 A 时得到 a_i 的概率. 因此 $\langle \psi | A | \psi \rangle$ 是状态 ψ 下 A 的期望值. 作为相互作用表述背后的统计原理, 这种平均值在数学形式和理论解释中都起着重要作用. 例如在量子场论中, 它们以表达式 $\langle 0 | \prod A_j(x_j) | 0 \rangle$ 的形式出现, 其中 $|0\rangle$ 是真空状态向量, 并且 $A_j(x_j)$ 是时空点 x_j 处场 A_j 的 (单粒子状态的) 产生算符. 从实验信息中可以给出对应于以某些状态 ψ 追加的平均的 A 期望值, 例如,

如果极化状态不固定, 则为极化态上 A 的期望值.

我们用 $A(\psi)$ 表示在状态 ψ 处 A 的期望, 并以 $[\Delta A(\psi)]^2$ 表示状态 ψ 下可观测量 $[A - A(\psi)I]^2$ 的平均值. 换句话说, $\Delta A(\psi)$ 是 A 值与其期望值的均方差. 不难证明以下不等式成立:

$$\Delta A(\psi) \cdot \Delta B(\psi) \geqslant \frac{1}{2} |\langle \psi | [A, B] | \psi \rangle|,$$

其中 A, B 是两个可观测量. 这表明, 非交换变量 A, B 的值的平均宽展通常不能任意小. 特别地, 在经典的可观测量中, 存在满足关系 $\frac{1}{i}[A, B] = 1$ (以普朗克单位 $\hbar$ 为单位) 的共轭对. 对子 (第 μ 个坐标, 3 动量在 μ 轴上的投影) 是一个共轭对. 应该注意的是, 两个算子的换位子只能是无限维空间中的恒等映射, 因此在内部自由度上不会出现这样的对. 对于共轭对, 我们总有 $\Delta A \cdot \Delta B \geqslant 1/2$, 且该式与状态 ψ 无关. 这就是海森伯不确定性关系, 在当时, 它对形成量子力学在 "半经典" 现象的边界区域与经典力学保持一致的思想起着重要作用.

出于我们的目的, 不确定性关系对于引入虚粒子的概念至关重要. 在 QFT 中计算如 $\langle 0 | \prod A_j(x_j) | 0 \rangle$ 形式的量时, 它们会在微扰理论中被表示为级数, 其项与类似于 §2.1 中描述的费曼图相对应. 该级数项可以很好地近似实验结果, 因此可以合理地假设, 相应的过程主要是与这些图相对应的场的量子态的叠加. 通过假设这样的状态是真实的, 我们不得不根据解释振幅的规则得出结论, 这些状态是由以下的态形成的: a) 与费曼图中外部线相对应的传入和传出粒子的、渐近自由的状态 (平面波); b) 与内部线相对应的粒子的平面波态, 对于该内部线, 能量和动量之间的相对论关系 $k^2 \neq m^2$ 被破坏. 这里, 以上句子中的 "形成" 一词粗略地意味着 "是张量积", 而隐含的单粒子状态是时空态. 类型 b) 中的状态称为虚粒子, 即 "在质壳外". 在形式上, 它们的状态是完全清楚的. 为说明真实粒子的能量–动量守恒定律与虚状态的不等式 $k^2 \neq m^2$ 之间没有矛盾, 我们引用了海森伯不确定性原理, 该原理的解释是在很小的时空区域中, 在虚粒子所在的位置, 共轭的动量–能量变量存在很大的不确定度.

哈密顿量

孤立的量子系统 (或该系统自由度的孤立部分) 随时间的演化可以从以下假设出发来描述: 假设 (1): 将 $|\psi(0)\rangle$ 变为 $|\psi(t)\rangle$ 的算子 $U(t)$ 是线性的 (即保持态叠加的系数) 和酉的 (即保持任何状态对之间的跃迁幅度); 假设 (2): 平

稳性条件 $U(t_1 + t_2) = U(t_1)U(t_2)$. 由此就可以得出结论: $U(t) = e^{-itH}$, 其中 H 是可观测量 (厄米算符), 称为哈密顿算子或演化算子. 这里 H 有能量量纲, 而 tH 为作用量量纲. 我们用普朗克常数 $\hbar$ 来度量 t, 因此 tH 是无量纲的量.

在下一节中, 我们将解释在量子场论中基本问题是如何计算算子 e^{-iS} 以及与之相关的期望, 其中作用量算符 S 是单粒子态的产生算符和湮灭算符的函数.

在谱为离散的情况下, H 可以在正交基 $|\psi_j\rangle$ 上对角化. 如果 $H|\psi_j^{(k)}\rangle = E_j|\psi_j^{(k)}\rangle$, 则 $U(t)|\psi_j^{(k)}\rangle = e^{-itE_j}|\psi_j^{(k)}\rangle$, 换句话说, 状态 ψ_j 是稳定的, 只有其相位会改变. 集合 $\{E_j\}$ 是系统的能谱. 令 $\mathfrak{H} = \mathfrak{H}^{(1)} \oplus \cdots \oplus \mathfrak{H}^{(k)}$ 是相对于能量退化成的态的区块分解.

具有给定哈密顿量 H 的系统的对称性, 从完整的运动学群 $U(n)$ 破缺到群 $U(n_1) \times \cdots \times U(n_k)$, 该群保留了动力学 (即群元素可与 H 交换); 该群由每个区块中单独的酉旋转组成. (根据我们对相位的注释, 选择 U 还是 SU, 与是否考虑相互作用有关.)

对称性破缺

我们假设某个系统的哈密顿量以 $H = H_0 + H_1 + H_2$ 的形式表示, 其中系统相对于 H_0 完全退化 ($H_0 =$ 乘以 E_0), 并且 H_1 和 H_2 均比 H_0 小 (也就是说, 它们的特征值比 E_0 小得多). 令 G_1 为哈密顿量 $H_1 + H_0$ 的动力学对称群; 类似可定义 G_2、G_{12}. 从而 H 定义了以下的对称性破缺层级:

$$
\begin{array}{ccc}
 & G_1 & \\
\curvearrowright & & \curvearrowleft \\
U(n) & & G_{12} \\
\curvearrowright & & \curvearrowleft \\
 & G_2 &
\end{array}
$$

该层次结构包含的信息少于各哈密顿量自身的信息: 它保留了退化态区块上的信息, 但忽略了谱的精细结构. 自从发现 $SU(3)_f$ 对称性以来, 事实证明, 这种数据包, 即对称性破缺的层级结构, 对我们而言, 是从实验结果分类到从量子场论中选择与之对应的结构的十分有效的中间阶段.

当通过物理上的粒子实现 $\mathfrak{H}$ 中的稳态时, 能谱与粒子的质谱密切相关, 因为在平面波的静止参考系中, $k^2 = E^2 (= m^2)$. 如果我们把夸克只能在比强子更小的距离处渐近自由的事实撇到一边, 那么我们只能讨论夸克在不同过程中的有效质量, 因此我们可以从这个角度考虑对称 $SU(3)_f$ 作用到空间 $\begin{pmatrix} u \\ d \\ s \end{pmatrix}$ 后的破缺. 这种情况由于 $m_u \approx 4$ MeV, $m_d \approx 7$ MeV, $m_s \approx 150$ MeV 而被打破.

正如已经说过的, 在 QCD 中相互作用的性质是使带色粒子最终被锁定在线度约为 10^{-13} cm 的小体积中. 此外, 由于不确定性关系, 无质量夸克可具有数量级为 $(2 \times 10^{-11}$ MeVcm$)/10^{-13} \sim 200$ MeV 的能量. 考虑系数可知, 该能量约为 400 GeV. 对于三个夸克, 总能量约为 1200 GeV, 它接近于核子的质量, 并可说明其起源. 很清楚的是, 我们可以忽略 m_u 和 m_d 并将 u 夸克和 d 夸克视为等价, 这仍然很精确; 这解释了同位旋对称性. 相比而言, $SU(3)_f$ 对称性 (需要忽略 m_s) 的精确度较差.

(群) 表示

现在我们回想群 $SU(2)_I$ 和 $SU(3)_f$ 的最初发现: 它们是进入基本粒子的可观测量的近似对称性的群. 这些对称性与例如表 1 中的两个八重态有关.

$SU(3)_f$ 在 8 维空间上 (例如由介子态) 诱导的作用就是线性表示的一个例子. 与 G 群或其子群层级相对应的、精确或破缺的对称性可以在不同的空间上实现, 并且从数学上由张量代数进行分析, 可以导出有重要物理意义的结论. 现在, 我们陈述一些表示结果, 并给出其应用示例.

a. 假设在某些希尔伯特空间 $\mathfrak{H}$ 中, 群 G 由酉算子表示, 即给出了对应关系 $g \to T(g)$, 其中 $g \in G$, 并且 $T(g)$ 是一个算符, 使得 $T(g_1 g_2) = T(g_1)T(g_2)$. 假设 $\mathfrak{H}$ 中相对于所有算符 $T(g)$ 不变的任何子空间要么与整个 $\mathfrak{H}$ 一致, 要么仅由零向量组成. 然后我们称 $\mathfrak{H}$ 中的表示 G 是不可约的. 示例: $SU(2)$ 的表示形式 $S^{2J}(2)$ (其中 2 是基本表示, $J = 0, 1/2, 1, 3/2, \cdots$, 且 $S^{2J}(2)$ 为对称积). 还有另一个例子: 形式为 $S^a(3)$ 和 $S^b(\bar{3})$ 的 $SU(3)$ 的表示, 其中 3 是基本表示, $\bar{3}$ 是其共轭表示. 表示的张量积 (例如 $T_1 \otimes T_2$) 是算符 $(T_1 \otimes T_2)(g) = T_1(g) \otimes T_2(g)$ 在 $\mathfrak{H}_1 \otimes \mathfrak{H}_2$ 上的表示. 算子与自身的张量积运算 $T^{\otimes n}$ 与对称化和反对称化操作是交换的, 因此它可以定义在有适当对称性的张量上.

b. 如果对群 G 的两个表示, 其表示空间由与算符 $T(g)$ 交换的酉同构映射关联起来, 则称它们为等价的. 对于包括群 $SU(n)$ 在内的许多群, 可以将所有不可约表示归类为等价关系, 并证明任何表示都可分解为相互正交的不可约区块的直和.

c. 不可约的表示可以通过各种方式来描述. 如果我们主要对实际的表示空间及其张量组成感兴趣, 那么使用有限数量的基本表示很方便, 这样所有其他基本表示都位于它们生成的张量代数中. 因此, 在介子八重态的空间 8 中实现了表示 $SU(3)_f$, 形式为 $\overline{3} \otimes 3 = 8 + 1$ ($\overline{1}$ 对应于 $u\overline{u} + d\overline{d} + s\overline{s}$), 这也是 "介子由夸克和反夸克组成" 这个陈述的一个表达.

如果要对表示空间中的各个态矢量进行有效描述, 则必须为形如 $U(1) \times \cdots \times U(1)$ 的极大子群选择本征向量 (或交换的生成元). 对应的本征值是状态的量子数. 它们的离散性是以下事实的直接结果: $U(1)$ 的所有不可约表示都是一维的, 并可由正整数列举出来:

$$T_m(e^{i\omega}) = e^{im\omega}, \quad m = 0, \pm 1, \pm 2, \cdots .$$

图 3 中的权图根据粒子的量子数排列这些粒子, 它们对应于李代数 $su(3)_f$ 和 $su(4)_f$ 的可交换的生成元 Y, I_3, C.

从上述观点出发, 我们对基本粒子及其相互作用的假设 $SU(5)$ 统一的方案进行了简要分析. 我们将只写下与弱同位旋和颜色相对应的自由度, 并将自己限制在第一代, 其余的自由度将以类似的方式处理. 第一代的左旋粒子如下:

$$\begin{pmatrix} \nu_e \\ e_- \end{pmatrix}_L, \begin{pmatrix} u \\ d \end{pmatrix}_L, e_L^+, \widetilde{u}_L, \widetilde{d}_L.$$

根据以上所述, 它们的 $SU(2)_w \times SU(3)_c$ 分解形如:

$$2_w \otimes 1_c + 2_w \otimes 3_c + 1_w \otimes 1_c + 1_w \otimes \overline{3}_c + 1_w \otimes \overline{3}_c.$$

我们考虑群 $SU(5) \supset SU(2)_w \times SU(3)_c$, 带有基本表示 $5 = 2_w \otimes 1_c + 1_w \otimes 3_c$. 我们进行如下的等同:

$$\left\{ \begin{pmatrix} \nu_e \\ e_- \end{pmatrix}_L, \widetilde{d}_L \right\} = 2_w \otimes 1_c + 1_w \otimes \overline{3}_c = \overline{5} \quad (2_w \text{和} \overline{2}_w \text{等价}),$$

$$\left\{ \begin{pmatrix} u \\ d \end{pmatrix}_L, e_L^+, \widetilde{u}_L \right\} = 2_w \otimes 3_c + 1_w \otimes 1_c + 1_w \otimes \overline{3}_c.$$

进行 $SU(5)$ 相互作用的中间玻色子在 $\overline{5} \otimes 5$ 中属于 24 维子表示:

$$\overline{5} \otimes 5 \supset \underbrace{1_w \otimes 8_c}_{\text{胶子}} + \underbrace{3_w \otimes 1_c + 1_w \otimes 1_c}_{\gamma, Z, W^\pm} + \underbrace{2_w \otimes 3_c + 2_w \otimes \overline{3}_c}_{X, \widetilde{X}, Y, \widetilde{Y}}.$$

衰变

本部分的最后一个主题是非常有用的唯象理论方案, 以 "非厄米的哈密顿量" 描述了准平稳状态的衰变. 严格说来, 这种短寿命的基本粒子的场态在影响衰变的相互作用之外并未被完全理解. 考虑这些相互作用的最简单方法是, 假设准平稳状态 $|\psi\rangle$ 的时间演化形式为

$$|\psi(t)\rangle = |\psi(0)\rangle e^{-i\widetilde{E}t}, \ 其中 \widetilde{E} = E_0 - \frac{1}{2}i\Gamma;$$

这里 $E_0, \Gamma > 0$ 是实数, E_0 是状态的平均能量, Γ 是衰变宽度, 它使得该状态在与 Γ^{-1} 成正比的时间内以指数速度消亡.

按照以下方法, 可以清楚地说明这种描述的含义. 我们尝试以对应不同能量 (质量) 的向量 $|\psi(0)\rangle e^{-iEt}$ 的复数叠加形式表示 $t \geqslant 0$ 时的 $|\psi(t)\rangle$, 并将表示形式 $g(E)$ 的系数 (即函数 $|\psi(t)\rangle$ 的傅里叶变换) 解释为 "ψ 的能量为 E 的概率振幅". 相应的概率密度, 即振幅模的平方, 为

$$P(E) = \frac{\Gamma}{2\pi} \frac{1}{(E - E_0)^2 + \Gamma^2/4}.$$

因此, 在该方案中, 具有平均能量 E_0 和宽度 Γ 的衰变状态是具有上述能量密度的状态的连续叠加. 状态本身可以与复平面中该密度 (或相应振幅) 的极点相关联; 这个极点的留数 (相差一个因子) 是衰变宽度, 而其实数部分为能量.

关于物理状态与其振幅极点关系的最后一个断言有非常普遍的意义, 并在量子场论中广泛应用. 通常地, 振幅当然不一定像我们以上的模型示例中那样具有简单的布赖特 (Breit)–维格纳 (Wigner) 形式.

2.3.4　量子化与二次量子化

量子化

如果我们可以显式地构造与我们感兴趣的系统相对应的态空间和可观测量算符, 那么上述量子力学的一般方案将被赋予真实的实质.

在量子力学发现的时期, 我们可以看到, 对于许多重要的系统 (如原子, 作为库仑场中的几个电子的系统; 又如电磁场), 量子描述的构造可以分为两个阶段: a) 引入相应的经典哈密顿力学体系; b) 通过一些确定的规则, 将其经典可观测量替换为量子可观测量 (算符). 这个过程被称为量子化.

在量子场论形成的时期, 人们发现: 为了纳入粒子总数可变性的量子场自由度, 可以将先前的粒子波函数作为一个新的状态空间上的算符. 这个新的状态空间, 例如, 由单粒子状态生成的张量代数, 或更确切地说, 是具有必要对称

条件的张量代数上的新的状态空间 (福克空间). 此过程被称为二次量子化.

哈密顿力学与量子化

在牛顿力学中, 力场中点的运动由微分方程 (加速度 = 力乘以质量[①]) 和初始条件给出. 太阳系是一个很好的孤立系统的模型, 该系统有 N 个质点, 它们位于由自身质量产生的力场中. 从数学上讲, 我们可以等效地认为, 这是所有星体的坐标和动量的分量构成的 $6N$ 维空间中的一个点. 该空间称为系统的相空间.

具有 n 个自由度的孤立经典系统的、可转换到量子描述的数学描述, 实际上是哈密顿力学. 在哈密顿力学中, 有三个对象与系统关联:

a. 一个 $2n$ 维的相空间 M, 其中选定了局部坐标 (q_i, p_i), $i = 1, \cdots, n$ (即所谓的正则坐标).

b. 泊松括号, 即对任意正则坐标系中的任何两个可观测量 (M 上的可微函数), 按照下式所定义的运算

$$\{f, g\} = \sum_{i=1}^{n} \left(\frac{\partial f}{\partial q_i} \frac{\partial g}{\partial p_i} - \frac{\partial f}{\partial p_i} \frac{\partial g}{\partial q_i} \right).$$

重要的是 f, g 不应依赖于计算函数的坐标系的选取; 如果已给定泊松括号, 则该要求 (即坐标无关性) 可以作为整个正则坐标系的定义.

相空间和在其上定义的泊松括号完全决定了运动学. 与量子情况一样, 有一类重要的系统允许运动学对称群 G: 确切地说, 这是 G 在它的余伴随表示中的轨迹. 最后, 动力学由以下对象决定:

c. 哈密顿量 H: 能量可观测量.

为了写下运动方程, 只要知道任何可观测量随时间的变化率就足够了. 在每条运动轨迹上, 该变化率由泊松括号和哈密顿量根据以下规则定义:

$$df/dt = \dot{f} = \{f, H\}.$$

然后, 我们得到以下正则坐标的运动方程:

$$\dot{q}_i = \frac{\partial H}{\partial p_i}, \quad \dot{p}_i = -\frac{\partial H}{\partial q_i}.$$

在此很明显, 哈密顿量 H 在任何轨迹上都是常数: H 的演化方程的形式为 $\dot{H} = \{H, H\}$. (其中带有随时间变化的 H 的哈密顿方程, 用于近似地描述环境对系统的影响, 或用来描述未描述的自由度间的能量交换, 例如热耗散.)

[①] 译者注: 原文有误, 应为 "加速度 = 力除以质量".

另一个演化过程中守恒的重要的不变量是任何区域 $U \subset M$ 的相位体积, 其定义为

$$\int_U dq_1 \cdots dq_n dp_1 \cdots dp_n,$$

只要区域 U 完全被正则坐标 (q, p) 覆盖. 它在恒定能量 $H = $ 常数的超曲面上的限制 (经典运动位于该超曲面上) 在经典系统的统计描述中起着重要作用, 在该描述中, 系统状态位于状态空间某区域内的概率与状态区域的相位体积成正比.

相位体积的这种作用一直延续到 QFT, 在计算从初始散射状态到最终散射状态 (例如, 平面波系统) 的转变概率时, 经典自由度以与最终状态的相位体积成比例的因子形式进入该概率.

现在假设给定一个经典的哈密顿系统 $(M; $ 泊松括号$; H)$. 量子化是指具有以下对应规则的量子系统 $(\mathfrak{H}, \hat{H})$ 的构造: (带有泊松括号的) M 上可观测量的一个选定的李代数, 其中包含 H 和一个完备的可观测量系统, 以及厄米算符在 $\mathfrak{H}$ 中的表示 $f \to \hat{f}$. 在该表示下, 泊松括号 $\{f, g\}$ 对应到量子对易子 $i[\hat{f}, \hat{g}]$.

所有已知的配方或多或少是以下经典规则的改进. 我们选择 M 上的正则坐标系 (q, p) 并定义:

$$\mathfrak{H} = \left\{ q \text{ 的复函数, 其标量积定义为} \int \overline{f} g \right\};$$

$$\hat{q}_k = \{\text{乘以 } q_k\};$$

$$\hat{p}_k = -i\partial/\partial q_k;$$

$$\hat{H} = H(\hat{q}_1, \cdots, \hat{q}_n; \hat{p}_1, \cdots, \hat{p}_n).$$

最后一个表达式通常没有被唯一地定义, 因为有必要用非交换算符代替交换的坐标来定义 H. 对于经典力学中势场中某个点的哈密顿量, 此困难不会出现: $H = T(p) + V(q)$, 其中 T 是动量的二次函数, 而 V 是势.

从哈密顿力学的观点看谐振子

我们考虑哈密顿系统, 其中 $M = \mathbb{R}^{2n}$, $H = T(p) + V(q)$, 其中 T 和 V 是二次函数, 而 "动能" T 是正定的. 不难证明, 在适当的正则坐标系 (我们之前用 p, q 表示) 中, 哈密顿量可取以下形式:

$$H = \frac{1}{2} \sum_{i=1}^{n} (p_i^2/m_i + m_i \omega_i^2 q_i^2).$$

这意味着系统分裂为 n 个独立的 "子系统" 的直和, 即由哈密顿量 $H_i = \frac{1}{2}(p_i^2/m_i + m_i\omega_i^2 q_i^2)$ 描述的振动模式. 每个模式都是一个一维谐振子 (对于 $\omega_i^2 > 0$).

谐振子的经典运动和量子运动都适于进行完整计算, 正因为如此, 谐振子是一个出色的模型. 但是, 谐振子之所以始终存在, 有更深刻的原因. 在力学中, 对一般形式下的势, 由 $H = T(p) + V(q)$ 给定的运动存在平衡点: 即满足 $dV(q^0) = 0$ 的轨迹 $(q^0, 0)$. 在这些点附近, V 的形式为

$$V(q) = V(q^0) + \sum_{i,j} \partial^2 V/\partial q_i \partial q_j (q_i - q_i^0)(q_j - q_j^0)$$

$$+ (\text{关于 } |q_i - q_i^0| \text{ 较高阶地小的项}).$$

如果用于近似 V 的二次型在邻近 q^0 时是正定的, 则相应的谐振子的轨迹恰为系统在接近稳定平衡位置处的 "小振荡".

在量子场论中, 此机制可用于计算对系统经典运动的第一次量子校正. 由于作用量原理可以陈述为: 系统的经典动力学是 "系统在时空上的平稳值" (我们必须与作用量 S 打交道, 而不是势 V), 围绕经典轨迹的量子涨落在一阶近似意义上可描述为量子谐振子系统.

现在我们给出量子化的一维谐振子 $H = \frac{1}{2}(p^2/m + m\omega^2 q^2)$ 的主要结果. 量子哈密顿量

$$\hat{H} = \frac{1}{2m}(-d^2/dq^2 + m\omega^2 q^2)$$

在 q 的适当的速降函数空间内, 其定态为

$$\phi_n(q) = (m\omega/\pi)^{1/4}(2^n n!)^{-1/2} H_n(\sqrt{m\omega}q)e^{-m\omega q^2/2},$$

$$H_n(x) = (-1)^n e^{x^2} d^n/dx^n (e^{-x^2}),$$

它对应于简单的谱 $E_n = (n + 1/2)\omega$ (与往常一样, 通过以普朗克 ($\hbar$) 单位对其进行度量, 可以认为该作用量是无量纲的).

福克空间

更一般地, 令 $\mathfrak{H}$ 为某个系统的状态空间, 我们将其称为粒子, 并假设该粒子是玻色子或费米子. 这意味着 $S^m(\mathfrak{H})$ (对于玻色子) 和 $\Lambda^m(\mathfrak{H})$ (对于费米子) 是 m 个此类粒子的系统的状态空间, 而福克空间 $S(\mathfrak{H})$ 或 $\Lambda(\mathfrak{H})$ (更确切地说, 是其完备化) 是不确定数目的此类粒子的状态空间. 由于粒子是在过程中产生和湮灭的, 因此人们可以尝试用该空间中的矢量, 或更普遍地, 以形如

$$S(\mathfrak{H}_1^b) \otimes \cdots \otimes S(\mathfrak{H}_k^b) \otimes \Lambda(\mathfrak{H}_1^f) \otimes \cdots \otimes \Lambda(\mathfrak{H}_l^f)$$

的空间中的矢量来描述量子场的状态. 其中 $\mathfrak{H}_i^b$, $\mathfrak{H}_j^f$ 是理论中规定的不同种类的玻色子和费米子的单粒子状态的空间.

令 $\{\psi_1, \cdots, \psi_m\}$ 是 $\mathfrak{H}$ 的正交态矢基. 我们令[①]

$$|a_1, \cdots, a_m\rangle = \begin{cases} \sqrt{(a_1 + \cdots + a_m)!/(a_1! \cdots a_m!)} S(\psi_1^{\otimes a_1} \cdots \psi_m^{\otimes a_m}), \\ \sqrt{(a_1 + \cdots + a_m)!} \Lambda(\psi_1^{\otimes a_1} \cdots \psi_m^{\otimes a_m}), \end{cases}$$

在玻色子和费米子的情况下, 我们分别使用对称化 S 和反对称化 Λ 的算符. 引入阶乘因子是为了将矢量归一化. 这样的矢量描述了由 a_1 个处于状态 ψ_1 的粒子、$\cdots\cdots$、a_m 个处于状态 ψ_m 的粒子组成的复杂系统的状态. 在费米子的情况下, a_i 为 0 或 1, 换句话说, 反对称化操作给出零. 向量 $|0 \cdots 0 \cdots\rangle$ 称为真空向量. 状态向量 $|a_1 \cdots a_m \cdots\rangle$ 构成一个完整的正交系统.

相对于自变量而言, 在该序列空间中起作用的自然算符是微分算符, 其系数取决于这些变量. 此类算符由乘以变量 ψ_i 和偏导数 $\partial/\partial\psi_i$ 的算符生成. 除此之外, 通常考虑在数值系数上不同的产生算符 $a(\psi_i)$ 和湮灭算符 $a^+(\psi_i)$. 在玻色子的情形下, 它们的形式为:

$$a^+(\psi_i)|a_1 \cdots a_i \cdots\rangle = \sqrt{a_i + 1}|a_1 \cdots a_i + 1 \cdots\rangle,$$
$$a(\psi_i)|a_1 \cdots a_i \cdots\rangle = \sqrt{a_i}|a_1 \cdots a_i - 1 \cdots\rangle.$$

在费米子的情形下, 有类似的公式: 我们只需要求, 当至少一个 a 不同于 0 或 1 时, 有向量 $|a_1 \cdots a_i \cdots\rangle$ 为零, 并且我们需要引入因子 $(-1)^{a_1 + \cdots + a_{i-1}}$.

对单粒子态 $\psi = \sum \lambda_i \psi_i$, 我们定义

$$a(\psi) = \sum \lambda_i a(\psi_i), \quad a^+(\psi) = \sum \overline{\lambda}_i a^+(\psi_i).$$

这些公式所描述的产生算符 $a(\psi)$ 和湮灭算符 $a^+(\psi)$ 不依赖于原始的状态矢基的选取, 并且满足以下对易关系:

$$[a(\psi), a(\chi)]_\pm = [a^+(\psi), a^+(\chi)]_\pm = 0,$$
$$[a(\psi), a^+(\chi)]_\pm = \langle\chi|\psi\rangle,$$

其中 $[A, B]_\pm = AB \pm BA$, 此处加号对应费米子, 减号对应玻色子.

在二次量子化的形式框架 (formalism) 中, 用湮灭算符和产生算符表示所有对象非常方便, 且具有物理意义. 替代状态矢量 $|a_1 \cdots a_m \cdots\rangle$, 我们可以写出 $|a^+(\psi_1)^{a_1} \cdots a^+(\psi_m)^{a_m}|0\rangle$ (在相差数值因子意义上). 如果 (ψ_i) 是一个能量为 E_i 的定态单粒子态, 则在没有相互作用的情况下, 多粒子系统的哈密顿

---

① 译者注: 注意此处的 m 不是之前表示质量的 m.

量可以简单地由 $\sum E_i a^+(\psi_i) a(\psi_i)$ 给出. 通过添加产生和湮灭算符的额外的单项式, 可以考虑相互作用.

继续这一论点, 我们可以使原始对象成为有给定对易关系的算子代数, 而不是福克空间. 在该思想的某些应用中, 可以证明这等效于福克模型, 但在实际模型中, 情况更为复杂. 简而言之, 可以说在量子场论中, 人们会计算形如

$$\langle 0 | a^+(\psi_1) \cdots a^+(\psi_m) | 0 \rangle$$

的表达式, 且是在试图不显式记下整个算子代数表示和泛函分析背景的情况下进行的——在该背景下, 所有这类表达式都是在形式上明确定义的数学对象. 在大多数的此类计算中, 我们首先写下所需量的形式表达式 (发散积分的发散级数等). 然后通过引入额外参数 (截断动量或截断距离、无质量粒子的质量、时空的复维数等), 并研究这些参数如何在我们感兴趣的物理值上形成奇点, 来对这些参数进行正则化. 所谓正则化的值, 是指在关于参数的洛朗 (Laurent) 展开式中奇异项之后的项.

在下一节中, 我们将讨论拉格朗日理论. 该方案可将关于单粒子态及其对称性的信息, 转化为描述基本粒子的作用量密度和相互作用的公式.

2.4 拉格朗日力学 (与拉格朗日量 ß)

2.4.1 相互作用

我们已经提到过一个事实: 在哈密顿量为 $H = T(p) + V(q)$ 的哈密顿系统的轨迹中, 存在平衡位置, 即相空间的点 $(q^0, 0)$ 是势能可观测量的稳定点. 在这些点上, 相对于 dq^0, 差 $V(q^0 + dq^0) - V(q^0)$ 关于 dq^0 二阶地小, 即 $dV = 0$.

该模型的经典作用量原理的内容是, 系统的所有轨迹 (而不仅仅是平衡位置) 都是适当泛函的稳定点. 该泛函在具有固定端点的、由时间 t 参数化的相空间中的曲线空间上定义:

$$\gamma = \left\{ (q(t), p(t)) \, | \, q(t_0) = q^0, q(t_1) = q^1 \right\}.$$

它在曲线上的值称为沿该曲线的作用量, 并由积分

$$S(\gamma) = \int_\gamma p \, dq - H \, dt = \int_{t_0}^{t_1} L \, dt$$

定义, 其中 L 是拉格朗日量. 作用量的一阶变分 $\delta S = 0$ (在 γ 变化且端点保持固定的情况下) 等价于哈密顿方程.

更一般地, 我们考虑一个经典系统, 该系统由时空中的一些场 (例如 ϕ) 组成. 我们假设, 在时空区域 U 中的运动学的可能取值上, 我们得到一个泛函 $S(U, \phi)$, 其中系统的经典轨迹是该函数的极值: $\delta S = 0$. 那么我们可以说, 系统的动力学是由变分原理描述的. 通常, 需要在所有轨迹上都定义泛函 S, 而不仅仅是在满足运动方程的轨迹上定义. 一般而言, 这些泛函并非由运动方程唯一确定. 但是量子理论 (其中许多计算可以解释为所有经典轨迹上 $e^{iS(U, \phi)}$ 的平均值) 表明, 选择作用量泛函的规则比方程本身更 "基本".

现在, 我们考虑经典作用量泛函的一般特性, 这些特性也是量子场论中的基本要素.

关于时空区域的可加性

如果将区域 U 分成不相交的子区域的并集 $U_1 \cup U_2$, 则 $S(U, \phi) = S(U_1, \phi) + S(U_2, \phi)$. 这个原理说明了作用量泛函的局部性. 我们将区域划分为越来越小的块; 如果一小块 4-体积中的作用量值与该体积近似成比例, 则作用量泛函的密度为 $L(\phi)$, 且作用量泛函可以写成

$$S(U, \phi) = \int_U L(\phi) d^4 x.$$

密度 $L(\phi)$ 称为拉格朗日量, 对于我们感兴趣的情况, 它是关于场的分量和关于时空坐标的导数的函数.

关于场的可加性

假设将关于场 ϕ 的系统分为两个子系统: $\phi = (\phi_1, \phi_2)$. 那么, 作用量及其密度通常可以自然地表示成三个分量的和:

$$L_1(\phi_1) + L_2(\phi_2) + L_{\text{int}}(\phi_1, \phi_2),$$

ϕ_1 和 ϕ_2 分别对应二者各自的作用量以及它们之间的相互作用. 如果缺少 L_{int} 项, 则场 ϕ_1 和 ϕ_2 在经典意义上完全是相互独立的: ϕ 的动力学方程为 $\delta L_1 = 0$ 和 $\delta L_2 = 0$. 通常, 这些方程式具有形式 $\delta L_1 + \delta_1 L_{\text{int}} = 0$ 和 $\delta L_2 + \delta_2 L_{\text{int}} = 0$, 部分地考虑相互作用的流行方法是单独考虑这些方程式 ("外场中的粒子" 和 "源引起的场").

在量子场论中, 物质的自由场和电磁场的拉格朗日量关于该场是二次的, 而这会导出线性的运动方程. 但对于自由的由非阿贝尔群定义相互作用的杨-米尔斯场, 其拉格朗日量则不再如此. 根据从量子电动力学中流传下来的一般思想, 关于场的三次或四次的拉格朗日量被看作扰动, 有时也称为 "自

作用".

对称性

当考虑到场的所有运动学特性和作用量泛函的局部性后, 拉格朗日量还有很大的选择自由度. 还有另外两套想法限制了这种自由选择:

a. 关于理论的基本对称性的不变性;

b. 可重整化.

过去的二十年中, 人们得到的关于对称性的最重要的理论原理是: 要求拉格朗日量在内部对称群给出的规范变换下不变. 规范变换会引起内部自由度上的旋转, 在时空的每个点上都有一个旋转. 本书下一节将从几何角度描述它们.

重整化源于拉格朗日量的以下性质: 在根据微扰理论进行的量子场计算中, 可以通过对有限数量的质量和耦合常数进行重整化来消除紫外发散. 我们将更详细地解释这一形式.

如果拉格朗日量中出现的导数的阶数受到限制 (通常仅限于一阶), 并且要求它们以多项式速度增长, 那么对于自由场和相互作用的拉格朗日量的选择, 只存在有限种互相独立的可能性. (此外, 要求对称性会大大减少其数量.) 这种独立表达式中的自由系数被解释为启动质量和测量相互作用力的耦合常数. 如果它们的取值无法由对称性确定, 则必须 "手工" 引入, 换句话说, 从实验中引入. 这些常数通常是被测量出的, 并且其量纲由 £ 为作用量密度这个事实确定.

通过用微扰理论计算振幅、横截面、宽度等, 我们获得了关于耦合常数的级数, 对于该级数, 大致而言, 该级数的系数包含虚粒子的能量的幂次, 以使相应的单项式无量纲. 求和 (叠加) 是对虚粒子的能量进行的, 如果用来无量纲化的能量幂次太大, 则积分会在上限处发散: 这是紫外发散. 重整化是消除这些差异的常规过程 (至少在级数的每项上, 因为实际上整个级数始终是发散的, 必须被简单地视为渐近级数). 可重整化性要求对拉格朗日量中出现的场的最大可能自由度施加限制, 并严格限制可获得的可能性类别.

长期以来, 这种实际的重整化过程仅被视为从无限表达式中提取有意义结果的实用方法. 如今, 可重整化以及规范不变性已成为理论选择的原则. 这引起了关于该原理的物理含义的许多问题, 例如:

a. 通常会利用一个特殊程序 (即维数正则化/维数正规化) 证明具有对称性自发破缺的现代规范不变理论的可重整化性. 正如我们已提到的, 时空的维

数 n 是人为引入的可变参数; 在取物理值 $n = 4$ 时, 振幅出现奇异性. 如果这种不寻常的情况仅仅是该形式化的无法解释的片段, 那将令人惋惜.

b. 量子色动力学的禁闭问题催生出许多方法, 它们强调规范理论的非局部性和非微扰性. 重整化是否意味着某些事情超出了微扰理论的范围?

c. 在过去的十年中, 对所有的新对称群的探索导致了质的突破, 即发现了以下事实: 存在着对称性原理的数学表述, 它将带有各种自旋的场和内部自由度与时空混合在一起. 这种情况在超对称和超引力模型中发生. 在这里, 对称性的提高伴随着发散程度的急剧下降.

2.4.2　规范场和规范不变性

场、纤维丛和联络

考虑一个基本粒子: 轻子或夸克. 如上所述, 与之相关联的是一个单粒子态的希尔伯特空间, 其元素可以用 $q_{\alpha j}(x)$ 的形式表示, 其中 q 是粒子的符号, x 是时空点, α 标记颜色, 而 j 是夸克的味道. 点 x 处的夸克场 $q_{\alpha j}(x)$ 在内部自由度空间中取值. 它可以是一个粒子状态的函数、广义函数或广义产生算符. 在这种情况下, 它会在光滑化后获得意义.

我们提醒大家注意以下事实: 通常不必预先将粒子在不同时空点的内部状态等同起来, 因为可以进行这种等同的假设来自物理, 而非数学. 实际上, 为了比较两个粒子的极化状态, 我们必须将它们移到时空的同一点. 但是可能会发现, 进行这种比较的结果将取决于移动的具体历史, 因此绝对地断言原始状态相同或不同并无意义.

其实, 事实就是这样; 例如, 在阿哈罗诺夫 (Aharonov) – 玻姆 (Bohm) 实验中, 观察到两个电子束以不同路径绕过磁通区域后的干涉, 这引起了量子相位的相对旋转.

这些想法的数学表述在于接受以下三个原则:

a. 物质场的单粒子态是向量丛在时空上的截面, 其中每个点处的纤维都是内部自由度空间.

b. 场作为相互作用的载体, 是这些丛中的联络.

c. 在每点处的独立旋转的自由度对应的规范群作用下, 作用量是不变的.

现在, 我们进一步澄清此处出现的概念.

丛是一对可微流形 E, M 以及投影映射 $\pi : E \to M$. 丛的横截面是映射 $\psi : M \to E$, 使得在每个点 x 和 M 处, 我们有 $\pi\psi(x) = x$, 即 $\psi(x)$ 的值位于点 x 上方的纤维中. 在我们感兴趣的情况下, M 是时空, 而 π 的纤维是内部自由度. (纤维) 丛的最简单示例是直积 $M \times F$, 其中 F 是恒定的纤维. 该纤维丛的截面是 M 上的函数, 其值在 F 中. 需要引入非平凡纤维丛的最著名的物理例子是狄拉克磁单极场中带电粒子的波函数的构造. 试图在时空的所有点 (没有通有的单极线) 建立相位的一般标架原点, 会导致相位因子出现不连续性. 通过将波函数适当处理为非平凡纤维丛的截面, 可以消除所有这些非物理的不连续性. 近年来, 在各种情况下, 这种全局的 "拓扑自由度" 的物理影响已得到更好的理解.

设 $E \to M$ 为纤维丛. 我们假设, 对于在时空 M 中从 x 到 y 的每段弧 γ 以及在点 x 处的粒子的每个初始内部状态 $\psi(x)$, 我们都得到了最终状态 $\psi(y)$, 其结果是沿 γ 的平行移动. 这样的一组平行移动在丛 E 中称为联络. 我们只需要考虑这些联络: 它们所对应的平行移动是线性算子.

势、场强和曲率

联络看起来是 (实际上也是) 与物质的波函数不同类的对象. 描述它们的标准方法是根据无限小的平移或与之等价的协变导数来刻画联络. 相对于坐标 x^μ 的协变导数是算子 $\nabla_\mu = \partial/\partial x^\mu + A_\mu$, 它作用在物质丛的截面上:

$$\nabla_\mu \psi_k = \partial \psi_k / \partial x^\mu + A_{\mu k}^j \psi_j,$$

其中 j, k 是内部指标. 如果截面沿曲线 γ 满足方程 $\nabla \psi = 0$, 则称其在协变意义上为常数, 并且与之对应的内部态通过平行移动连接起来.

矩阵 A_μ 的分量称为联络的势场. 关于洛伦兹指标 μ, 它们的行为类似于物质的向量场, 即自旋 1 的场, 相应地, 此类场的量子称为向量玻色子. 但是在此描述中, 它们和物质场之间的差异表现为第二类变换规律, 这涉及内部空间坐标的变化 (被动观点) 或规范对称群的作用 (主动观点). 即, 如果 $\psi'(x) = U(x)\psi(x)$, 则

$$\nabla_\mu \psi' = \partial_\mu \psi' + (U A_\mu U^{-1} + \partial_\mu U \cdot U^{-1})\psi',$$

也就是说,

$$A'_\mu = U A_\mu U^{-1} + \partial_\mu U \cdot U^{-1}.$$

在这里, 项 $\partial_\mu U \cdot U^{-1}$ 必不可少, 它考虑了规范旋转对时空点的依赖性; 如果没有它, 我们将只会得到矩阵空间中的内部旋转——或者用术语来讲, 群的伴随表示.

场强遵循以下简单的变换定律:

$$F_{\mu\nu} = \partial_\mu A_\nu - \partial_\nu A_\mu + [A_\mu, A_\nu]; \quad F'_{\mu\nu} = U F_{\mu\nu} U^{-1}.$$

此式可以在形式上验证, 但我们最好能理解 $F_{\mu\nu}$ 具有的简单几何意义: $1 + \varepsilon^2 F_{\mu\nu}$ 是 (相差在 ε^3 阶内) 绕平行四边形 (其边分别平行于 $\partial/\partial x^\mu$ 和 $\partial/\partial x^\nu$, 边长为 ε) 移动一周的平行移动矩阵. $F_{\mu\nu}$ 非零, 意味着内部自由度中存在曲率.

正如我们将看到的那样, 联络的场以两种形式进入拉格朗日量. 场 A_μ 的适当的作用量密度 (相差一个因子) 是方阵 $F_{\mu\nu}$ (对 $\mu\nu$ 取平均) 的迹, 而考虑它与物质的相互作用则对应于引入含协变导数 $\nabla_\mu \psi$ 的项.

2.4.3　拉格朗日量的结构

自由物质场

标量物质场 (自旋为 0) ϕ 和旋量物质场 (自旋为 1/2) ψ 的经典拉格朗日量分别为

$$L(\phi) = \partial_\mu \phi^+ \partial^\mu \phi - m^2 \phi^+ \phi;$$

$$L(\psi) = \frac{i}{2}(\overline{\psi}\gamma^\mu \partial_\mu \psi - \partial_\mu \overline{\psi}\gamma^\mu \psi) - m\overline{\psi}\psi.$$

在这两种情况下, 场中的二次项系数 m 解释为相应自由场量子的质量. 通过写出对应于其拉格朗日量的运动方程 $\delta L = 0$ 并将平面波 $u e^{ikx}$ 代入, 可以最简单地解释这一点. 对能量–动量 4 向量, 我们得到关系 $k^2 = m^2$.

场 ϕ 和 ψ 可以具有内部自由度. 在此情况下, 我们可以写出更一般的质量矩阵 $\overline{\psi}M\psi$ 来代替质量系数 m. 然后拉格朗日量中出现的乘积必须解释为标量积 (关于内部指标的卷积 (convolution)).

在接下来的内容中, 我们将遇到一种情况, 其中形如 $\psi^+ H\psi$ 的项进入拉格朗日方程, 这里 H 是带有动力学的场, 具有不平凡的真空期望值 $\langle H \rangle$. 然后, 该真空期望值作为起初无质量场的质量矩阵出现.

杨–米尔斯拉格朗日量

我们用 $\nabla_\mu = \partial_\mu - ig A_\mu$ 的形式写出协变导数, 其中 A_μ 是联络场, g 是耦合常数 (其含义将在下文中解释). 则曲率的形式为

$$F_{\mu\nu} = -ig(\partial_\mu A_\nu - \partial_\nu A_\mu) + g^2[A_\mu, A_\nu].$$

在标准模型中, 矩阵 A_μ 作用在以下自由度上:

1_{em} (相位因子)——在量子电动力学中; 此时 (A_μ) 是光子.

$2_W \otimes 1_B$ (弱同位旋 $\otimes B$-场)——在萨拉姆-温伯格电弱模型中; 此时 (A_μ) 是中间玻色子和光子.

3_C (颜色)——在量子色动力学中; 此时 (A_μ) 是胶子. 特别地, 对于 $U(1)$ 群, 例如 $U(1)_{em}$, 有 $[A_\mu, A_\nu] = 0$. 但对非阿贝尔规范群, $[A_\mu, A_\nu] \neq 0$. 杨-米尔斯拉格朗日量为:

$$-\frac{1}{4g^2} F^a_{\mu\nu} F^{\mu\nu}_a,$$

其中 a 是内部指标.

将规范场量子化的传统方法, 与处理向量物质场的方法类似. 但在此处出现了困难, 而为了克服这些困难, 已开发出了一系列特有的方法. 下面我们简要介绍这套标准程序:

a. 出现在导数中的二次部分, 即拉格朗日量中的 "动力学" 部分 $\frac{g^2}{4} G^a_{\mu\nu} \cdot G^{\mu\nu}_a$, $G_{\mu\nu} = \partial_\mu A_\nu - \partial_\nu A_\mu$. 经过傅里叶变换后, 它成为简并 (退化) 二次形式, 对标准传播子的构造造成阻碍等. 发生简并的原因很明显: 因为存在规范变换群. 如果对称群未破缺, 则与规范变换相关的两个场在物理上是等效的. 因此, 可以尝试从场的每一规范等价类中选择一个满足合适规范条件的场, 例如 $\nabla^\mu A_\mu = 0$.

b. 通常, 在杨-米尔斯理论的拉格朗日量中没有关于 A_μ 的二次项. 根据标准的看法, 这意味着 A_μ 描述了无质量的向量玻色子, 而在自然界中不存在自由的此类玻色子 (除光子外). 在电弱模型中, 长处在于假定存在希格斯场, 这些场通过其真空期望值为四个中间玻色子中的三个 "赋予质量". 在色动力学中, 我们假设色荷无法逃逸; 胶子被锁定在强子袋中, 我们暂时不必担心它们的无质量性.

c. 在拉格朗日量中, A_μ 是三次和四次的. 它们被视为一种自相互作用. 从微扰理论出发进行的计算表明, 在量子力学中, 耦合常数 g_s 随动量传递的增加而减小: 这证明了通过 "直至空间单元边界" 的微扰理论进行物理过程计算的合理性.

玻色子、费米子与流的相互作用

即使在经典狄拉克理论中, 也提出了纳入这种相互作用的方法: 即在物质场的拉格朗日量中, 用协变导数 ∇_μ 代替普通导数 ∂_μ. 这导出形如 $g\overline{\psi}\gamma^\mu A_\mu \psi$ 的相互作用拉格朗日量. 在阿贝尔群的情况下, 它可以表示为 $gj^\mu A_\mu$ 的形式,

其中流 j^μ 由表达式 $\overline{\psi}\gamma^\mu\psi$ 定义. 在所谓的弱相互作用的 V-A 理论中, 是根据拉格朗日量构建模型的, 该拉格朗日模型表示为两个费米子流的乘积或一些此类乘积的叠加. 该理论不可重整化, 但在一阶近似下给出了良好的结果. 特别是, 弱相互作用的特征在于它具有一个通用的 (即与流的选择无关的)、有量纲的费米常数 $G \approx 10^{-5}m_p^{-2}$ (其中 m_p 是质子的质量). 在当今的理论中 (或在其具有图表和虚粒子操作的可运行版本中), 流发出虚的中间玻色子, 该玻色子被另一流吸收. 为了解释包含流相互作用的模型的精确性, 必须将虚玻色子视为有质量的, 并且必须假设交换相互作用发生在短距离上, 另外必须使该理论可重整化. 希格斯 (Higgs) 场可确保做到这一点.

希格斯场、对称性自发破缺和质量的动态产生

普通类型的希格斯场是标量场 ϕ, 具有内部对称群 G_H 和形如 $\partial_\mu\phi^+\partial^\mu\phi - P(\phi)$ 的自由拉格朗日量, 其中 P 为正的 G_H 不变多项式, 其最小值不是在 $\phi = 0$ 时. 而是在 G_H 的一些非平凡轨迹上达到的. 从经典角度看, 势能 P 的最小值对应稳定的态. 我们假设在量子图像中真空期望值 $v = \langle 0|\phi|0\rangle$ 实现了这个最小值, 并引入新场 $\chi = \phi - v$. χ 的质量矩阵是 P 在点 χ 处的二阶导数的矩阵. 设 a 为群 G 的维数, b 为保持 v 不变的子群 G_0 的维数. 这样, 质量矩阵将存在 $a - b$ 个零本征值, 它们对应于对称群 G_H 作用在 v 上的那些平移方向. 在量子化后, 相应的 “无质量的小振动” 对应自由的无质量戈德斯通 (Goldstone) 粒子.

现在, 我们引入带有与群 G_H 相对应的相互作用的粒子, 即规范场 A_μ. 动力学项 $\nabla_\mu\phi^+\nabla^\mu\phi$ 给出了希格斯场与 A_μ 的相互作用, 形如 $g^2\phi^+A_\mu^+A_\mu^+\phi$, 它关于 A 是二次的, 且对恒定场 ϕ, 它可以被视为 A 的有效质量项 (此处 g 是耦合常数). 事实证明, 它会将非零质量附加到场 A_μ 的 $a - b$ 个分量上, 这恰好对应于 $a - b$ 个戈德斯通玻色子. 玻色子本身作为单独的物理场会 “消失”, 因为它们可用于在适当的方向上固定规范, 这会将它们变成规范玻色子的纵向分量. 通过读取真空期望值, G_H 的规范对称性会自发破缺; 只有 G_0 对称性会保留下来.

在电弱相互作用的标准模型中, 人们进行以下选择: $G_H = SU(2)_W \times U(1)_B$, ϕ 是弱同位旋的二重态, ϕ_c 是电荷共轭二重态; $P(\phi) = \frac{1}{2}\lambda^2(|\phi|^2 - \frac{1}{2}\eta^2)$. 设 ϕ^+ 为 ϕ 的带电分量, 而 ϕ^0 为中性分量; 由于电荷守恒, 它们之中只

有一个可以具有非零的真空期望值. 协变导数用以下形式表示:

$$\nabla_\mu = \partial_\mu - \frac{ig}{2}\tau_a A_\mu^a - \frac{ig'}{2}Y B_\mu,$$

其中 τ_a 作用在 2_W 上, Y 是多重态的平均电荷的两倍 (基本轻子 e_R 和 ν_R 的右手部分为 $SU(2)_W$-标量, 而它们缺少 A_μ 项). A_1 和 A_2 分量的有效质量的矩阵形式为

$$\frac{\eta^2}{4}\begin{pmatrix} g^2 & 0 \\ 0 & g^2 \end{pmatrix},$$

而 A_3 和 B 分量的有效质量的矩阵形式为

$$\frac{\eta^2}{4}\begin{pmatrix} g^2 & g'g \\ g'g & g'^2 \end{pmatrix}.$$

后一个矩阵的零方向对应于无质量的光子, 而与其正交的方向对应于中性中间玻色子 Z; A_1 和 A_2 是 W^+ 和 W^- 的叠加. 其温伯格混合角为

$$\theta_W = \arcsin\left(g'/\sqrt{g^2 + g'^2}\right).$$

最后我们注意到, 通过假设总拉格朗日量相对于弱同位旋的规范群的不变性, 我们剥夺了自己引入形如 $m\overline{\psi}\psi = m(\overline{e}_L e_R + \overline{e}_R e_L)$ 的标准的质量项的可能性. 因此在该模型中, 质量是通过与希格斯场的相互作用而动力学地赋予在费米子上. 我们写出对应的同代轻子相互作用的拉格朗日方程, 例如对 e 和 $\nu = \nu_e$ 为:

$$-f_e\left[(\overline{\nu}_L \overline{e}_L)e_R \begin{pmatrix} \phi^+ \\ \phi^0 \end{pmatrix}\right] + \{\text{复共轭表达式}\};$$

对 ν 而言, 公式相似, 只是耦合常数变为 f_ν.

我们概述一下本节的内容. 我们列出了一些基本场的典型标量表达式, 根据其系数的维数, 它们可以进入经典的拉格朗日量. 我们还描述了某些操作规则, 根据这些规则, 无须进行任何量子理论的实际计算, 就可以将信息放入该拉格朗日量, 或直接从该拉格朗日量计算出信息. 这些规则基于量子电动力学和通用的量子力学原理的类比, 并且与以前的更多唯象模型进行了比较. 在我们遇到全新现象 (例如禁闭) 时, 这些类比没有提供任何信息, 并且 (量子) 色动力学的拉格朗日量是以最简单的形式选择的:

$$-\frac{1}{4}F_{\mu\nu}^a F_a^{\mu\nu} + \overline{\psi}(i\hat{D}_\mu + M)\psi,$$

其中 M 是夸克的质量矩阵. 电弱模型为想象力留出了更大的余地.

2.4.4 从拉格朗日量到物理实在

在本节中, 我们将简要描述被包含在拉格朗日量中的理论模型如何与实验进行比较.

我们考虑电弱相互作用的拉格朗日量, 更确切地说, 是与轻子区块有关的部分. 根据上一节的分析, 我们可以从拉格朗日量中提取一些项, 这些项描述三个粒子——两个轻子和一个中间玻色子——在一个点上的相互作用的振幅, 即相应的费曼图的顶点:

$$\text{相互作用拉格朗日量} - \frac{ig}{2}\overline{\Psi}_\nu \gamma^\mu (\tau_1 A_{1\mu} + \tau_2 A_{2\mu})\Psi_e$$

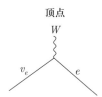

考虑衰变 $\mu \to e + \overline{\nu}_e + \nu_\mu$, 对可观测过程有贡献的最简单图必须包含两个顶点, 并且必须具有, 例如以下的形式:

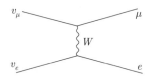

可以认为, 这些图在四个轻子和电荷流的参与下对过程起了主要作用. 更确切地说, 如果我们通过取定所有粒子的动量、内部自由度和极化状态来固定它们的波函数, 则在将顶点的振幅和中间粒子的传播振幅相乘后, 可以获得一个值, 即相应过程的振幅. 通过在不可测量的特征上取这些数值的模的适当均方, 我们可获得可直接测量出的概率, 例如, μ 粒子的宽度, 即其在单位时间内衰变的总概率.

在计算概率的公式中, 耦合常数、混合角、质量等是作为参数输入的. 因此, 必须用一部分实验数据确定这些参数, 而其他数据用于检验相应理论方案的预言.

在我们考虑的轻子过程的特征中, 参数以 $g^2/m_\pm^2$ 和 $\sin^2\theta$ 的组合出现,

其中 $m_\pm$ 是 $W_\pm$ 的质量, 而 θ 是温伯格角. 如果人们使用标准的传播振幅

$$-\frac{i}{\kappa^2 - m^2}\left(\eta_{ab} - \frac{k_a k_b}{m^2}\right)$$

的形式, 那么中间玻色子的质量就会以这样一种简单形式出现; 在动量传递 k_a 与质量相比较小的假设下, 上式变为 $i\eta_{ab}/m^2$.

在电弱相互作用理论出现之前, 人们使用点状四费米子相互作用

$$\frac{G}{\sqrt{2}}(\overline{\mu}\gamma^a(1-\gamma_5)\nu_\mu)(\overline{\nu}_e\gamma_a(1+\gamma^5)e)$$

计算振幅. 粒子的符号表示其波函数, 这里的 G 是 "旧" 的弱相互作用常数, 在更精细的理论中, 有公式

$$\frac{G}{\sqrt{2}} = \frac{g^2}{8m_W^2}.$$

另一方面, μ 介子衰变 (在完成所有平均后) 的形式为 $\Gamma = G^2 m_\mu^5/(192\pi^3)$. 因此, 通过从其他实验中获知 g 和 m_W, 并且测知 μ 介子的平均寿命, 我们可以比较 Γ 的理论计算值和测量值.

第三章 注释

3.1 对话 1 的注释

[1] 参见萨拉姆为纪念爱因斯坦一百周年诞辰, 在联合国教科文组织举行的纪念仪式上所作的演讲. 演讲的俄语译本见《爱因斯坦的最终方案: 时空的基本相互作用和性质的统一》("Einstein's final scheme: The unification of the fundamental interactions and properties of space-time"), Priroda, 1981 年第 1 期, 第 54–59 页.

[2] 在授予霍金剑桥卢卡斯教授席位之际, 霍金宣读了他的演讲.

[3] 这些理论已在第二章中明确描述. 显然, 从事基本粒子理论的物理学家普遍认为, 量子色动力学和电弱相互作用理论已足以描述适当范围内的现象. 当然, 在给定的时刻建立普遍的共识并不是科学社会学①中一项容易的任务. PHYS 被要求为此做准备, 但是作者们意识到很难避免自己的评估被建立为共识的风险. 关于支持 QCD 有效性的论点, 另请参阅 "对话 5 的注释".

[4] MATH 指的是密立根的书《电子 (+ 和 −)、质子、光子、中子、介子和宇宙射线》("Electrons (+ and−), protons, photons, neutrons, mesotrons and cosmic rays"), 芝加哥大学出版社, 芝加哥, 1947 年.

密立根明确指出, 新的原子物理学是德谟克利特纲领的一种实现. 廷德尔 (Tyndall) 引用的 "德谟克利特的原则" 如下:

1. 无中不能生有. 任何存在的事物都不会被毁灭. 一切变化都是由于分

---

① 译者注: 此处原文为 the sociology of science, 疑指科学共同体.

子的结合和分离.

2. 没有任何事情是偶然发生的. 任何事情的发生都有其原因, 在此原因之下此事必然发生.

3. 存在的事物只有原子和虚空; 其他的一切仅是信仰 (opinion)[①].

4. 原子的数量有无限个, 在形式上也有无限种. 它们互相撞击, 因此产生的横向运动和涡旋运动是世界的开始.

5. 万物的种类取决于其原子的数量、大小和聚集方式.

6. 灵魂由精细、光滑、球形的原子组成, 它们和构成火的原子类似. 这些原子是最具流动性的. 它们贯穿整个身体, 并且在它们的运动中, 生命发生了.

只要对这些原则进行一些删改, 在现在, 它们几乎仍然可以说得通. 近代以来取得的巨大进步, 与其说是观念和观点本身的进步, 还不如说是去修改和加固这些观念赖以建立的基础. 今天, 除了原子论哲学之外, 在该领域中绝对没有任何哲学, 至少在物理学家之中是如此.

[5]　W. Weber, Werke IV, 281, 由密立根引用, 同上书, 第 20 页.

"相对于它们的运动而言, 两个粒子的关系是由它们的质量 e 和 e' 的比率决定的, 前提是假设在 e 和 e' 中包括原子的质量. 设 e 对应带正电的粒子, 而带负电的粒子所带电荷与其完全相等且符号相反, 因此用 $-e$ 表示 (而不是 e'). 但假设一个有重量的原子被后者吸引, 从而使其质量大大增加, 从而相比之下, 带正电粒子的质量几乎消失了, 那么粒子 $-e$ 可以被认为是静止的, 而粒子 $+e$ 则被视为围绕粒子 $-e$ 运动, 则在所述条件下, 两个不同的粒子构成一个安培分子电流."

[6]　PHYS 指的是卢瑟福在 1911 年写的经典文章《物质对 α 和 β 粒子的散射以及原子结构》("The scattering of α and β by matter and the structure of the atom"), Phil. Mag., 第 21 卷 (1911), 第 669–688 页.

[7]　PHYS 是指密立根的书, 同 [4], 第 13 页.

[8]　V. Krasnogorov, Yustus Libikh(Justus Liebig), Znanie, 莫斯科, 1980 年, 第 33 页包含了关于 19 世纪上半叶化学的信息: "1823 年的《物理学和化学年鉴》("Annals of physics and chemistry") 在我面前打开了; 这里出版的是利比希的关于雷酸化合物的回忆录, 该期刊的作者包括 Gay-Lussac、Tenard、Dulong、Laplace、Levi、Faraday、Metscherlich······伟大的名字、经典的人物, 进入了科学研究的历史."

[9]　关于法拉第的作品, 同上书, 第 47 页. "1825 年, 法拉第发表了关于

---

① 译者注: 此处 opinion 一词, 哲学书一般译为 "意见".

相同组成的碳氢化合物 (丁烯和乙烯) 可以具有不同性质这一事实的观察结果. 法拉第提出, 随着有机化学的发展, 这类案例将会越来越多."

[10] 关于拉瓦锡和拉普拉斯的论文, 请参见 Ya. G. Dorfman 的书《从古代到 18 世纪末的世界物理学史》("World history of physics from antiquity until the end of the 18th century"), Nauka, 莫斯科, 1974 年, 第 318–326 页. 总的来说, 建立化学化合物真实组成以及与之相关的原子量的化学问题, 很可能是大多数气体物理学、材料热容量和相关问题研究的主旋律. 为了评估这种情况, D. I. Mendeleev 及其合作者在 Brockhouse 和 Efron 的百科全书中撰写了有关一般化学问题的文章. 请参阅百科全书中 "物质"、"元素"、"化学" 相应词条的文章, 作者是 F. A. Brockhouse, I. A. Efron, 圣彼得堡, 1890—1967 年.

[11] 参见诺贝尔奖获得者名单 (Liste des Lauréats du Prix Nobel), Almgrist and Wiksellers, Boktryckeri Actiebolag, Uppsala, 1967.

1908 年: 卢瑟福, 曼彻斯特大学教授, 因对元素衰变和放射性化学的研究而获奖.

诺贝尔奖于 1911 年授予居里夫人 (同上).

[12] 关于卡尔斯鲁厄会议, 请参见 D. I. Mendeleev 的综述, 卡尔斯鲁厄化学大会, 文集 (Collected articles, Vol. XV, Izdat. Akad. Nauk SSSR, Leningrad-Moscow, 1949, 154–165). 有关原子、分子和化学当量之间差异的问题引起了人们的强烈兴趣, 因此决定在出席大会的 150 名化学家中投票.

[13] 参见密立根的书, 同 [4], 第 22 页. "对于在电解物 (electrolyte) 中断裂的每个化学键, 每次都有一定量的电会通过电解物, 该电量在所有情况下都是相同的. 我称这个确定的电量为 E. 如果我们将它设为电量单位, 则很可能会在分子现象的研究中迈出非常重要的一步."

[14] 显然麦克斯韦倾向于将电流与以太状态的变化联系在一起, 而不是与电荷的运动联系起来. 他在 1873 年写道: "当我们了解电解的真正本质时, 我们以任何形式保留分子电荷理论都是极不可能的, 因为那时我们将已获得真正的电流理论的可靠基础, 因此不会再依赖这些暂时性的假设." 参见 J. C. Maxwell,《电磁通论》("A Treatise on electricity and magnetism"), 第 1 卷, 牛津–麦克米伦, 1873 年, 第 313 页.

[15] MATH 正在阅读劳厄在 1950 年写的《物理理论》("Geshichte der Physik") 一书.

[16] 这本书中涉及较近的电子发现史: A. N. Vyaltsev, Otkrytie elemen-

tarnykh chastits; elektron β, foton γ (The discovery of the elementary parti-
cles; the electron β, the photon γ), Nauka, Moscow, 1981.

[17] 见杨振宁,《基本粒子; 原子物理学中一些发现的简短历史》("Ele-
mentary particles. A short history of some discoveries in atomic physics"):

"汤姆孙得出结论, 阴极射线由质量比离子小得多且带负电荷的粒子组成.
他称它们为 '小体' (corpuscles), 并称其电荷为 '电子'——它表示电荷的基本
单位. 然而, 在后来的用法中, 粒子本身被称为电子. 这样, 人类认识到的第一
个基本粒子就诞生了."

参见同上, 第 5 页.

"我无法抗拒这种诱惑, 在第一张插图中为大家展示他的宏伟的半身像,
他首次为研究基本粒子的物理学打开了大门."

[18] 例如, D. Knight 的书《科学史的渊源》("Sources for history of sci-
ence"), 伦敦, 1975 年.

将问题提成 "谁发现了氯或氧?" 的形式, 是令人绝望的事情, 这只能把问
题搞得令人困惑, 就像 "他如何试图成为科学家" 或者 "为什么他的同时代人
对此表现出兴趣 (或缺乏兴趣)" 这类问题一样.

[19] 在洛伦兹 1895 年出版的书《尝试对运动物体中的电磁和光学现象进
行的理论研究》("Versuch einer Theorie der Electro-magnetischen und Optis-
chen Erscheinungen in bewegenden Körpern") 中, 他总结了前一时期的研究
成果, 写道: "从某种意义上讲, 我下面将要引入的假设是向旧思想的回归. 这
里并没有消除麦克斯韦思想的本质, 但是不能否认, 我所引入的离子与早期使
用的带电粒子没有太大的区别."

参见 H. A. Lorentz,《论文集》("Collected papers", Vol. V, Nijhoff, The
Hague, 1937, p.8).

[20] 关于塞曼的著作, 请参见冯·劳厄和维亚特谢夫 (Vyaltsev) 的著作.

[21] H. Poincaré,《数学物理的现状与未来》("L'état actuel et l'avenir de
la physique mathématique", in Bull. des Sciences Math., Ser.2, 28:1(1904),
302–304).

[22] 参见 G. Holton,《科学的想象力》("The scientific imagination"), 剑
桥大学出版社, 1978 年.

[23] 这个常数最精确的值之一, 是 1900 年普朗克在确定进入黑体辐
射公式中的该常数时得到的. 参见 M. Planck,《关于维恩光谱方程的一个
改进》("Über eine Verbesserung der Wienschen Spektralgleichung" in Vrh.

Deutsch. Phys. Ges., 2(1900), 202–204). 他的一本名著给出了这一结果: M. Planck,《关于热辐射理论的讲座》("Vorlesungen über die Theorie der Wärmestrahlung", Barth, Leipzig, 1906).

[24] 所引用的表由 "Particle Data Group" 组每两年更新一次, 有两种版本. 完整版本的形式为《粒子性质的评论》("Review of Particle Properties"), 该杂志是《现代物理评论》("Review of Modern Physics") 四月号. 还有一个更简短的版本:《粒子属性数据手册》("Particle Properties Data Booklet"). 该手册由欧洲核子研究中心 (CERN) 出版, 封面上写着 "伯克利和欧洲核子研究中心有售" ("Available from Berkeley and CERN").

3.2 对话 2 的注释

[1] "形式现实" 的概念出现在维尔纳德斯基的手稿《现代科学观点的历史概述》("Outline of the history of the modern scientific outlook") 中, 该手稿基于他 1902—1903 年在莫斯科大学的演讲. 前三讲在 1902 年发表在《哲学与心理学问题》("Questions of philosophy and psychology", SPB 1902, No.65). 我们引用了其新版 V. I. Vernadskii,《科学史的合集》("Izbrannye trudy po istorii nauki"), Nauka, 莫斯科, 1981 年, 第 38 页.

[2] PHIL 阅读了两本词典: 第一本是 "A glossary of American technical linguistic usage" by E. P. Hamp, Utrecht, 1957. 俄语翻译为 "Slovar' amerikanskoi lingvisticheskoi terminologii", Progress, 莫斯科, 1964 年, 第 145–146 页.

聚合体/模式 (paradigm) 是 "一组平行的原始形式和结果形式". "聚合体可以有不同的抽象层次; 换句话说, 存在聚合体的聚合体." "包含一个共同词干的一组邻近词及可与之邻接的所有词缀构成一个聚合体." "包含一定数量的词的封闭集合中的一个, 在每个集合中, 各个词是邻近的, 但其形式和含义不同, 因此不同集合之间的差异是平行的."

第二本是 Jean Dubois 等著,《语言学辞典》("Dictionnaire de linguistique"), Librairie Larousse, 巴黎, 1973 年.

在传统语法中, 聚合体是词汇语素与其惯用语 (对于名词、代词或形容词) 或言语 (对于动词, 取决于与它的关系类型) 结合的典型变形的形式集. 这取决于句子的其他组成部分的数量、人称和时间: 我们说名词、代词或形容词的变格和动词的变位. 因此, 第一个拉丁语聚合体的模式是从玫瑰形状的集合中形成的.

在现代语言学中, 范式由一组单元组成, 它们之间保持着潜在的可替代关系. 索绪尔尤其保留了这些范式的潜在性. 事实上, 一个项的实现 (= 它在声明中的表述) 排除了其他项的伴随实现. 除了在在场的关系中, 语言现象还隐含着缺席的关系——潜在地. 因此, 如果单元 a, b, c, ⋯ , n 能够在相同的典型框架 (句段、句子、语素) 中相互替换, 我们将说它们属于同一范式. 因此, 语言屈折范式只是关联关系的情况. 索绪尔的语言学讨论了一般情况, 而日内瓦的语言学家则只谈论联想关系.

[3]　朗道和利夫希兹的《理论物理学教程》("Course of theoretical physics") 第 1–10 卷, Nauka, 莫斯科, 1953—1973 年.

[4]　那些认为对意识现象的描述超出了量子理论范围的物理学家中有维格纳 (参见《对称与反射》("Symmetries and reflections"), 印第安纳大学出版社, 布卢明顿–伦敦, 1970 年).

[5]　这里所指的书是索末菲的专著, 在 20 年代初, 它是当时有关基本粒子物理学 (即原子、原子核、质子和电子) 的标准文献. 我们引用的是如下版本: A. Sommerfeld,《原子结构和光谱线》("Atombau und Spectrallinien", Friedr. Vieweg, Braunschweig, 1922, 8–9).

"电子是所有物质的普遍组成部分. 它可能在电流中缓慢流动, 或者像阴极射线一样以极快的速度冲入太空⋯⋯可能会影响望远镜透镜中的光路, 它始终是相同的物理单位. 可以用相同的电荷和相同的质量证明它的身份, 尤其是通过相同的电荷质量比来验证. 我们若想根据前面的陈述创建电子的图像, 那么材料是非常稀少的. 基本上, 电子没有什么不同, 就像任何负电荷一样, 作为电场线从四面八方汇合到的地方." 之后进一步解释道, 电子的电场在电子的静止参考系中是完全对称的, 借助于相对论, 它总是可以构造的. 然后说明在尝试构造有广延的电子时遇到的困难. "以我们目前的认识程度而言, 最好不要试图确定电子的体积或尺寸." 总之, 索末菲指出, 在任何情况下, 电子的尺寸都小于原子尺寸的 10^{-5} 倍.

[6]　这里所指的是, 根据目前格拉肖、温伯格和萨拉姆提出的电弱相互作用的理论, 基本粒子的质量是由于它们与希格斯场相互作用产生的. 在对称性自发破缺下, 这些场在真空中获得非零值. 在宇宙演化的早期, 较高的温度使真空期望值消失. 文章是: D. A. Kirzhnits,《温伯格模型与热宇宙》("The Weinberg model and the hot universe", JETP Lett. 15(1972), 745–748) 和 D. A. Kirzhnits and A. D. Under,《温伯格模型的宏观结论》("Macroscopic

consequences of the Weinberg model", Phys. Lett. 42B(1972), 471 – 474).

[7] 在提及古代原子理论时, 我们避免深入探讨其历史细节; 我们注意到, 在卢克莱修的《物性论》("De rerum natura") 一书中列出了它的各个版本. 该书被大众所熟知, 并在 17 世纪和 18 世纪初, 在新自然科学范式开始形成之时产生过重大影响.

[8] PHYS 指的是上文中所引的维尔纳德斯基的书.

[9] 赫沃森在他的《物理学教程》中如此写道, 见 O. D. Khvol'son, "A course of physics", Vol.1, SPB (1902).

3.3 对话 3 的注释

[1] 1881 年迈克尔逊在亥姆霍兹 (Helmholtz) 的实验室中进行了第一次尝试探测地球相对以太的运动的实验. 洛伦兹关于相对论问题的第一篇文章发表于 1886 年. 关于此问题在这个时期的发展, 可参见 I. Yu. Kobzarev, 《庞加莱的演讲和相对论创立前夕的理论物理学》("H. Poincaré's lecture and theoretical physics on the eve of the creation of relativity theory", Uspekhi Fiz. Nauk 11 (1974), 679 – 694).

[2] 克罗地亚籍科学家博斯科维奇 (Boskovich, 1711 — 1787) 在意大利和法国从事天文学和大地测量学研究. 1755 年, 在维也纳出版的著作《存在论中的自然哲学还原论》("Theoria Philosophica Naturalis reducta ad unicum legem virium in existentium") 中, 他详细讨论了这样一个猜想: 物质由具有质量但没有大小且以某种普遍方式相互作用的 "原始元素" 点组成. 相互作用的定律相当复杂: 在无限远处, 这种力变成了一种普遍的吸引力, 而在距离较小时, 它若干次改变符号并变为排斥力. 力的定律的这种复杂性导致聚集的小体/微粒的层次结构. 博斯科维奇的理论可以看作牛顿在《光学》("Optics") 中提出的关于物质结构的猜想的合理化和系统化. 另一方面, 牛顿在形式上没有那么逻辑化, 并且考虑了有古代原子论者风格的绝对刚性粒子, 还将物质的普通性质归因于微粒, 例如透明度等.

有关博斯科维奇的更多信息, 请参阅 Brockhaus 和 Efron 撰写的百科全书, 同样在多夫曼的《当代史》("Contemporary history") 327 – 332 页中 (参阅下文).

博斯科维奇致力于建立统一的物质理论的尝试, 在相当长的一段时间内引起了人们的注意. 从法拉第到门捷列夫, 直到 19 世纪, 许多博物学家 (naturalist) 的著作中都提到了他. 参见例如 Ya. G. Dorfman,《从 19 世纪初到 20 世纪初的物理学通史》("A universal history of physics from the beginning of the 19th century to the beginning of the 20th"), Nauka, 莫斯科, 1979 年, 第 69 页; 另见 D. I. Mendeleev 的文章《物质》, 见《百科全书》("Matter" in: "Encyclopedia", eds. F. Brockhaus, I. A. Efron, SPB, 1902, p.151). "······ 举例说明博斯科维奇的学说的基本要点是有意义的. 如今, 博斯科维奇被普遍认为是当代关于物质性质的学说的在一定意义上的奠基人." 我们不清楚门捷列夫的看法在多大程度上是 1902 年在实际上的共识, 但对门捷列夫自己来说这似乎是合理的, 因为他是牛顿 "范式" 的坚定支持者 (例如, 参见 D. Mendeleev 的 "Two London lectures", SPB 1895).

[3]　这里提到的是德国物理学家亚伯拉罕, 他是 20 世纪初流行的电磁理论教科书的作者. 在亚伯拉罕 1903 年的文章《电子的动力学原理》("Prinzipien der Dynamik des Elektrons", Ann. Phys., 10(1903), 105 – 179) 中, 在假设电子没有自身质量后, 详细计算了刚性球形电子的模型 (包括表面带电荷和整体带电荷的情况). 该模型引起了相当大的关注.

[4]　关于索末菲, 请参阅对话 4.

[5]　1906 年, 庞加莱在《关于电子的动力学》("Sur la dynamique de l'électron", 重印于 H. Poincaré, Qeuvres, Vol.9, Gauthier-Villard, Paris, 1954) 一文中, 为他的电子模型计算了作用量 $\int dt dV (E^2 - H^2)/2$. 与亚伯拉罕的表述不同, 庞加莱得到了与 $\sqrt{1 - v^2}$ 成正比的拉格朗日量的正确形式, 而亚伯拉罕的作用量则不是相对论协变的; 尽管如此, 他的拉格朗日量的符号是不正确的.

[6]　参见普朗克的文章:《相对论原理和力学基本方程》("Das Prinzip der Relativität und die Grundgleichungen der Mechanik"), 载于 Verh. Deutsch. Phys. Ges. 8(1906), 第 136 – 141 页.

[7]　辐射阻尼的问题在有关经典电动力学的任何好书中都有讨论, 例如, 在朗道和利夫希兹的《理论物理学教程》第 2 卷《场论》中 (Teoriya polya, Nauka, Moscow, 1973). 辐射阻尼问题的历史完全可以作为单独研究的主题. 在 30 年代, 关于这个主题的科学文献显然是广泛的.

[8]　普劳特的文章于 1815 年至 1816 年发表在《哲学年鉴》("Annals of Philosophy") 上. 普劳特的出发点是道尔顿 (Dalton) 在《化学哲学》("Chemical philosophy") 一书中给出的原子量均以整数表示. 但是, 道尔顿得到的这些整数是粗略测量和四舍五入的结果. 关于普劳特, 请参见 Yu. l. Lesnevskii,

"Antonius van den Broek", Nauka, Moscow, 1981.

[9] 卢瑟福以如下方式解释质量亏损: "由于实验表明原子核尺寸很小, 组成原子核的正电子和负电子必须紧密堆积起来. 正如洛伦兹所证明的那样, 带电粒子系统中电子的质量必须取决于其场之间的相互作用⋯⋯这种堆积必须非常密集, 以使这种方式产生的质量变化变得可观. 例如, 这让我们可以解释氦原子的质量不是氢原子的四倍." (同上书, 第 131 页.)

[10] 在列斯涅夫斯基 (Yu. L. Lesnevskii) 的出色研究中, 他对 1913—1914 年处理这些主题的范·登·布鲁克的工作进行了详细分析. 在此, 他对范·登·布鲁克的工作在当时科学发展背景下扮演的角色进行了认真的讨论.

[11] 这里所指的是爱因斯坦的两篇文章: "Über einen der Erzengung und Vervandlung des Lichtes betreffenden heüristischen Gesicht punkt", Ann. Phys. 17(1905), 132–148 和 "Zum gegenwärtigen Stand des Strahlungproblem", Phys. Zeit. 10(1909), 185–193.

[12] 关于光量子及其相关问题来源的更详细讨论可以在 "A. Einstein, M. Planck and atomic theory", Priroda No.3, 1979, 8–26 中找到.

[13] 这里引用的是 A. H. Compton 的文章《光粒子对 X 射线的散射的量子理论》("A quantum theory of the scattering of X-rays by light elements", Phys. Rev. 21(1923), 207, 483–572).

[14] 泡利中微子的发现历史在他的《中微子的古今史》("The old and new history of the neutrino") 中有阐述, 收录于 W. Pauli, "Aufsätze und Vortrage Über Physik und Erkenntnistheorie", Braunschweig, 1961. 费米的文章发表于 1933 和 1934 年, 主要文献是: E. Fermi, "Versuch einer Theorie der β-Strahle", Zeitshr. für Phys. 88(1934), 161–171.

根据塞格雷所说, 费米起初不喜欢二次量子化方法, 但是从以上文章中可以清楚地看出, 必然性占了上风 (参见 E. Segre, "Enrico Fermi Physicist", Chicago, London, 1970). "费米在电磁辐射问题上是个出色的人物. 最初, 他在狄拉克、若尔当、克莱因和维格纳引入的产生和湮灭算符上遇到了一些困难, 并且在他关于辐射的量子理论的第一篇文章中, 他试图摆脱这些问题. 随后, 他完全熟悉了它们, 并认为 β 衰变理论是实践此方法的合适问题." 塞格雷继续写道: "费米完全意识到他获得的成功的重要性, 并说这是他最好的工作, 他认为这项研究将使他被铭记于世." (这里引用的参考文献是俄语译本: E. Segre, "Enrico Fermi Fizik", Mir, Moscow, 1973, 99–101.)

[15] 查德威克在中子上的工作出现在 1932 年. 在中子发现之前的历史有

些令人困惑. 许多人都 "看到" 了它, 但只有查德威克能够给出实验事实的独特解释. 参见 J. Chadwick 的《中子的存在性》("The existence of a neutron", Proc. Royal Soc. A136, 692 – 708).

[16] 莱茵斯的实验, 参见 F. Reines 和 C. Cowan 的《自由反中微子的吸收截面》("Free antineutrino absorption cross section ...", Phys. Rev. 113(1959), 273 – 279).

[17] 关于密立根的书, 请参见对话 1.

[18] 狄拉克最初试图将他的空穴解释为质子, 因为承认了这种可能性后, 被填充的背景给出的图像似乎是不对称的. 参见 P. A. M. Dirac 的《电子和质子理论》("A theory of electrons and protons", Proc. Royal Soc. 126(1930), 360 – 635).

这导致一个矛盾, 因为随后有反应 $e^- + P \to \gamma + \gamma$, 这意味着物质将变得不稳定. 奥本海默 (R. Oppenheimer) 在文章《关于电子和质子的理论》("On the theory of electrons and protons", Phys. Rev 35(1930)) 中指出了这一点. 在 1933 年出现的泡利的综述中, 他提到了奥本海默和狄拉克 (未提及特定论文), 并讨论了将空穴等同于与电子质量相等、电荷相反的粒子的可能性. 但他写道: "这似乎并不令人满意, 因为该理论中的自然定律对电子和反电子是完全对称的. 但是, (为了满足能量和动量的守恒定律, 至少两个) 光子必须将自身转化为电子和反电子. 因此, 我们认为这种出路不能被认真考虑."

参见 W. Pauli, "Die allgemeinen Prinzipien der Wellenmechanik", in Handbuch der Physik B XXIV erste Teil, 83 – 272, 见第 246 页.

下面文章中明确提出了粒子和空穴的质量相等的断言: P. A. M. Dirac, "Quantized singularities in the electro-magnetic field", Proc. Royal Soc. 133A (1931), 60 – 72.

电子和正电子的对称描述出现在以下文章中: W. Heisenberg, "Bemerkungen zur Diracschen Theorie des Positron", Zeitschr. für Phys. 90(1934), 209 – 231.

[19] 安德森通过考察磁场中的威尔逊云室中宇宙射线的轨迹来识别正电子, 并确定了正电子的电荷和质量. 安德森并未提及狄拉克的理论, 而是将他的观点解释为发现了质子的新状态, 其 (回旋) 半径比质子大, 而等于电子的半径. 他利用电磁质量为 $e^2/2r$ 的球形粒子模型来考虑所有问题.

参见 C. D. Anderson, "The positive electron", Phys. Rev. 43(1933), 491 – 494.

[20] 该文章为: W. Heisenberg, "Über der Bau der Atomkerne I", Zeitschr. für Phys., 77(1932), 1–11.

[21] 在相同的 PP 和 PN 态下, 核力相同的结论, 建立在文章 G. Breit, E. U. Condon, and R. D. Present. "Theory of scattering of protons by protons", Phys. Rev, 50(1936), 825–845 中对实验数据进行分析的基础上. 在以下文章中利用同位旋不变的核势概念进行了讨论: B. Cassen and E.U. Condon, "On nuclear forces", Phys. Rev. 50(1936), 846–849 以及 E. Wigner, "On the consequences of the symmetry of the nuclear Hamiltonian on the spectroscopy of nuclei", Phys. Rev. 51(1936), 106–119.

[22] 汤川秀树的工作出现在 1935 年. 安德森关于在宇宙辐射中发现新的重带电粒子的工作是在 1936 年发表的. 实际上, 这是 μ 介子. 将安德森粒子与汤川介子等同起来导致了灾难, 这个故事富有戏剧性. 有关此内容的简要说明及其原始参考文献, 请参见: K. Nishijima, "Fundamental particles", Benjamin, New York-Amsterdam, 1964.

[23] 显然, 介子三重态是凯默 (Kemmer) 首次提出的. 关于早期结果的描述出现在这本书中: W. Pauli, "Meson theory of nuclear forces", Interscience, New York, 1946.

[24] W. Pauli, 同前文所引.

[25] 勒普兰斯–林盖及其继承人在 1944 年发表的一篇文章中得出了存在质量约为 $1000m_e$ 的重的带电介子的结论. 他们研究了宇宙射线. 显然, 它是一个带电的 K 介子.

在 1947 年, 罗切斯特和巴特勒发表了一篇论文, 他们在威尔逊云室内发现了两个叉形径迹 (forks). 其中一个对应重的中性粒子的衰变, 而另一个对应重的带电粒子. 对于前者, 他们确定了其质量, 大约为 550 MeV, 并且确定了衰变图式 $\pi^+ + \pi^-$. 显然, 这是衰变 $K^0 \to \pi^+ + \pi^-$. 而后者的情况不是唯一确定的; 它很可能是衰变 $K^+ \to \pi^+ + \pi^0$. 从 1951 年开始, 多个研究组研究了威尔逊云室中宇宙射线簇射产生的事例, 并且介子和超子的分解性质被发现和研究; 它们现在被认为是稳定的 ($\tau = 10^{-8}$ s $\sim 10^{-10}$ s). 基本粒子物理学发展的这一阶段很好地反映在《宇宙射线物理学的进展》丛书中 ("Progress in cosmic ray physics", Vols.1–3, North Holland, Amsterdam, 1952 — 1954). 从一开始, 量子场论就是描述粒子的主要方法; "基本粒子的相对论性场论" 这种说法, 现在我们已习以为常, 在 1939 年它在泡利在索尔维 (Solvey) 会议上的演讲的标题中出现, 而在此之前从未出现过: W. Pauli, "Relativistic field theories of elementary particles", Rev. Mod. Phys. 13(1941), 72–83.

L. Michel 在论文《核子、介子和轻子的耦合特性》("Coupling properties of nucleons, mesons and leptons", Prog. in cosmic rays, Vol.1, p.129) 中写道: "许多作者试图发展基础理论, 以给出基本粒子的数量、静止质量等······ 其他人试图将某些粒子描述为由其他几个 '基本' 粒子 (通常是一对费米子) 构成的, 但迄今为止, 描述粒子性质的仅有的意义深远的尝试是场论."

泡利 (引文同上) 对非相互作用场的理论进行了出色的综述. 将某些基本粒子视为复合粒子的尝试最终成功了.

[26] 参见: M. Gell-Mann, "Isotopic spin and new unstable particles", Phys. Rev. 92(1953), 833–834.

盖尔曼指出, 通过将粒子 Σ 指定为同位旋 1 (他将 Λ 和 $\Sigma^{\pm}$ 合并为一个三重态), 就可以通过同位旋守恒 (以及 T_3 投影守恒这个较弱的条件) 而禁戒 $\Lambda \to P\pi^-$ 类型的衰变. 以类似的方式, 他解释了 $K \to 2\pi$ 是被禁戒的. 1953 年, 盖尔曼将所有这些与反常同位旋 (对 Λ 为整数, 对 K 为半整数) 联系起来. 实际上, 事实证明, 对自旋正常的 Ξ 粒子, 也禁戒强衰变. 如今, 我们认为强相互作用的同位旋不变性在某种程度上是偶然的, 而某些转变过程被禁戒的事实仅与强相互作用中不同类型夸克的守恒有关. 从我们的角度来看, 反应 $\Lambda \to N\pi$ 中 T_3 值的差异反映了以下两个事实: 1) Λ 的夸克组成为 uds. 2) 因此, 对于 $P \sim uud$ 和 $\pi^- \sim d\bar{u}$ 的夸克组成, 我们在左边有 uds, 在右边有 udd. 此处的差别在于 d 替代了 s, 而这无法由强相互作用实现. $SU(2)$-同位旋群本身是近似的. 对该群而言, d 是双重态, 而 s 是单态, $T_3(d) = -1/2$, $T_3(s) = 0$, 并且 $\Delta T_S \neq 0$. 近似对称群 $SU(2)$ 相应的同位旋的 T_s 分量变化可以指示 $d \to s$ 的转换, 但即使在没有同位旋不变性的情况下这也将被禁戒, 正如有粲粒子衰变的情况一样.

同位旋不变性思想的巨大成功在于, 在 πN 相互作用场论的框架内, 对 $0 \sim 300$ MeV 区域中 πN-散射的描述全部失败之后, 若假设同量异位素 (isobar) 在其中占主导地位, 则该思想可以成功地解释它: 即 $J = 3/2$ 和 $T = 3/2$ 的共振态. 这解释了在峰值处的截面比率: $\sigma(\pi^+ P \to \pi^+ P) : \sigma(\pi^- P \to \pi^0 N) : \sigma(\pi^- P \to \pi^- P) = 9 : 2 : 1$. 这项成就是盖尔曼的工作的先驱. πN-散射在同量异位素区域具有共振特性的结论出现在以下短文中: K. Brueckner, "Meso-nucleon scattering and nucleon isobar", Phys. Rev. 86(1952), 626. 将此与下书中 §30 开头的内容进行比较: H. A. Bethe and F. de Hoffman, "Mesons and fields, Vol.II Mesons", Harper Row, Peterson and Co., Evanston-

New York, 1955, p.35: "正如我们在上一节中所看到的, 弱耦合理论与实验之间存在太多分歧, 以至于人们不应该对此理论抱有任何信念······因此, 我们被迫将介子与核子之间的相互作用考虑为一种强相互作用而不是弱相互作用······就目前而言, 我们仅仅发现强耦合理论显然更为复杂, 如果没有某些指导性原理, 那么将没有希望发展任何强耦合理论. 指导性原理之一是众所周知的——根据角动量和奇偶性对量子态进行分类. 更为有效的是电荷无关性." 后者是指同位旋不变性. 关于禁闭和群, 请参阅第二章.

[27] 杨振宁和米尔斯的工作——其中写下了对应同位旋群的规范不变方程——发表于 1954 年: 见 C. N. Yang and R. L. Mills, "Conservation of isotopic spin and isotopic gauge invariance", Phys. Rev. 96(1954), 191–195.

这项工作中提供的参考文献清楚地表明了: 通过包含在论文中的参考文献来构建论文来源的真实情况是多么困难. 作者引用了几篇基本论文, 以他们的观点看, 这些论文对创造同位旋不变性 (将讨论仅限于核力) 做出了主要贡献. 然后他们断言 π 介子同位旋为 1, 其中参照了希尔德布兰德 (Hildebrand) 测量反应 $N + P \rightarrow \pi^0 + d$ 和 $P + P \rightarrow \pi^+ + d$ 的实验. 可以合理地假设, 作者是根据其解释的独特性来选择这篇文献的.

对于作者而言, 理论上的刺激无疑是在电动力学中波函数相位的局部变换存在的事实, 这在当时是众所周知的. 作者在这里指的是泡利的著名综述文章. 杨振宁和米尔斯用一种形式化的语言, 为非交换的同位旋群寻求上述事实的形式推广.

3.4 对话 4 的注释

[1] 泡利认为电磁场的量子理论并不令人满意, 因为 a) 它没有解释精细结构常数 α 的大小, b) 它导致了发散. 他期望该理论的基本结构会发生深刻的变化. 参见例如 1948 年的《论互补性思想》一文 ("On the idea of complementarity", 俄文译本: W. Pauli, Fizicheskie ocherki, Nauka, Moscow, 1975, 第 50 页, 尤其是第 56 页).

"······所有物理学家都同意, 目前的量子理论不足以解释电的原子性质, 而且也不足以预测自然界中 '基本粒子' 的质量, 其适用范围有限······"

G. Wentzel 在泡利六十周年诞辰之际撰写的文章中, 对消除 QED 发散的尝试进行了独特的描述: "围绕自能问题的所有研究活动现已被放弃, 现在它只有历史意义. 尽管遭受了种种挫折, 但量子电动力学还是作为原子

理论的最好的——虽然是不完整的——工具而赢得了普遍的信任." 参见
G. Wentzel, "Quantum field theory up to 1947", in: "Theoretical physics in
the twentieth century, a memorial volume to Wolfgang Pauli", ed. M. Fierz
and V.F. Weiskopf, Cambridge, Mass. 我们引用了俄文译本: Teoreticheskaya
fizika 20 veka, Izdat. Inostr. Lit., Moscow, 1962, 60–93, 见第 62 页.

[2]　我们在这里应该只限于陈述问题. 30 年代和 40 年代的竞争性的纲
领的命运, 例如非局域场论的纲领, 又如空间量子化和局域场论的其他替代方
案的尝试, 以及对它们的重要性和重视程度的评估, 应该作为一项专门研究的
主题. 这样的研究对于科学史来说是必需的, 因为它需要概述科学发展的客观
图景. 而在叙述时我们舍弃了当时的竞争性计划的历史, 以使其发展比实际情
况更加合乎逻辑.

[3]　有关热力学原理的详细历史可以在 Brush 的优秀著作中找到. 参见
S. Brush, "The kind of motion we call heat", North Holland, Amsterdam-New
York, 1976.

[4]　PHYS 是指庞加莱在圣路易斯的演讲.

[5]　例如, 参见 1906 年索末菲在斯图加特物理学家大会上的演讲. 索末
菲表达了洛伦兹–爱因斯坦相对论假设不会实现的希望, 因为 "电动力学的假
设" 在他看来是很自然的: 球形电子模型由亚伯拉罕提出:

"我认为我们可以说 40 岁以下的物理学家更喜欢基于电动力学的假设,
而 40 岁以上的物理学家更喜欢力学假设——它是相对论性的." (索末菲在关
于普朗克在 Phys. Zeit. 7(1906), 759–761 中讲座的讨论中的讲话.)

[6]　PHYS 似乎在读莱布尼茨: "如今有两类博物学家利用自己的名声,
并从古代获得其渊源: 其中一类复兴了伊壁鸠鲁的教义, 而另一类, 从本质上
讲, 则重复了斯多葛派的观点. 前者认为包括灵魂和上帝 (God) 本身在内的
每一种实体 (substance) 都是物质的 (corporeal), 换句话说, 是由物质或有广
延的物质组成的, 因此得出结论, 上帝不可能是全知全能的; 一个物体 (body)
怎能影响一切, 而其自身又不受任何影响并且又坚不可摧?"

(参见 Leibnizens mathematische Schriften, herausgegeben von C. J. Ger-
hardt, Bd. I–VII, Berlin–Halle, 1849—1863; Bd. VII, 333. 参考 G. W.
Leibnitz, Collected Works, Vol.1, Mysl', Moscow, 1982, p.103.)

因此, 莱布尼茨在意识形态上反对原子. 作为学者, 他对意识形态的论点
并不满意, 并在《从原子的连续性思想反驳原子的存在性》("The refutation
of atoms obtained from the idea of contiguity of atoms") 一书及其附文中根

据公理推论对此论点进行了补充 (同上书, Bd. VII, 284 – 288; 同上书, 俄译本, 219 – 223).

[7]   PHIL 的引文不太正确. 这是布莱克诗歌的全文:

嘲笑吧, 嘲笑吧, 伏尔泰, 卢梭,
嘲笑吧, 嘲笑吧, 但一切徒劳!
你们把沙子对风扔去,
风又把沙子吹回.
每粒沙都成了宝石,
反映着神圣的光,
吹回的沙子将嘲笑的眼迷住,
却照亮了以色列的道路.
德谟克利特的原子,
和牛顿的光粒子,
都是红海岸边的沙子,
以色列的帐篷在那里闪闪发光.[①]

引自 The Portable Blake, Viking Press, Penguin 1977, p.142.

[8]   引自列宁的《唯物主义和经验批判主义》("Materialism and empirico-criticism", Zveno, Moscow, 1909).

[9]   Brush 在《统计力学基本原理》("The fundamental principles of statistical mechanics") 一书中详细讨论了该问题 (请参见 [3]). 吉布斯在此书前言中写道: "即使我们将注意力集中在明确的热力学现象上, 我们也无法避免在诸如双原子气体的自由度数这样的简单问题中遇到困难. 当然, 任何从与物质结构有关的假设出发的研究者, 都是将其研究建立在不稳固的基础上. 这类困难使作者不去试图解释自然之谜, 并迫使他满意于更保守/谦逊 (modest) 的问题—— 导出更显然的、与力学的统计分支有关的原理."

我们引用了俄文译本: J. W. Gibbs, "The foundations of the principles of statistical mechanics", OGIZ, Moscow-Leningrad, 1946, p.14.

[10] E. Mach,《知识与谬误》("Erkenntnis und Irrtum", Barth, Leipzig, 1905, Ch.1, §3).

"在我们的思想中, 对现实中事实的表现, 或思想对这些事实的适应, 使我们能——从知性上讲——仅仅通过局部观察来补充事实, 因为这种补充是由

---

① 译者注: 此处参考了王佐良先生的译文.

观察到的部分决定的······这种确定性源于事实的属性之间的相互依赖, 而事实的属性是思想的起点. 因为普通的和不成熟的科学思想必须限制自己, 以便使思想粗略地适应事实, 所以应用于事实的那些思想并不总是相互一致的. 因此出现了一个新的问题: 让不同思想相互适应; 必须通过思考解决该问题, 以达到完全的满足. 这后一种愿望, 导致对思维过程的逻辑清理, 但比这个目标要走得远得多, 它是科学思维的典型和有利征兆——这恰与日常思维相反."

[11] 泡利在 1922 年解决了电离的氢分子/氢分子离子[①]的量子化问题; 参见 W. Pauli, "Über das Modell des Wasserstoffmolekülions", Ann. Phys. 68(1922), 177-240.

[12] PHYS 在这里指的是温伯格和萨拉姆的著作, 他们在其中确定了带希格斯期望值的弱相互作用的拉格朗日量的重整化的最终版本. 向量多重态的正确形式是由格拉肖在 1961 年建立的. 在第二章的注释中提供了参考文献.

[13] W. Heitler, "The quantum theory of radiation", Clarendon Press, Oxford, 1936.

[14] 例如, 参见以下文章:

R. P. Feynman, "The theory of positrons", Phys. Rev. 76(1949), 749-759 和 "Space-time approach to quantum electrodynamics", Phys. Rev. 76(1949).

费曼在第二篇文章中, 在讨论在 QED 积分中引入截断函数以使该理论变得有限的可能性时, 表达了自己的怀疑: 这是否可能使该理论自相矛盾. 费曼在讨论用函数 f_+ 代替普通传播子以使结果有限的可能性时, 写道 (同上文, 第 778 页): "事实证明, 可以确保能量守恒的任何正确形式的 f_+ 可能均不能同时使自能积分有限."

[15] 理论发展的这一阶段在 H. A. Bethe 和 F. de Hoffan 的专著《介子与场, 第二卷: 介子》中得到了很好的体现. ("Mesons and fields, Vol.II Mesons", Harper Row, Peterson and Co., Evanston-New York, 1955, pp.394-395.)

"在本书中, 我们处理了介子与核子之间的相互作用, 以及不同核子之间的相互作用, 仿佛 π 介子和核子场形成了一个封闭的系统, 而且仿佛没有其他粒子存在. 这种方法显然值得讨论, 一些物理学家认为, 如果不包括各种稀奇古怪的粒子, 就无法发展关于核力或介子-核子相互作用的理论, 这确实会造成非常困难的局面, 因为这些古怪粒子的特性似乎非常复杂, 并且将会需要花费很长时间去探索, 并且甚至连此类粒子的数量也在不断增加.

---

① 译者注: 原文写作 "电离的水分子", 似乎有误.

我们认为没有理由持这种悲观态度……"

然后作者继续提出论点, 以支持虚的奇异粒子不能对核力做出巨大贡献的事实. 实际上, 就如现在的事实所证明的一样, 他们是正确的. 为了描述原子核, 只要考虑到 u、d 夸克和胶子就已足够. 现代观点与 1955 年观点之间的区别是: 我们现在知道, 人们需要使用夸克和胶子的 QCD 相互作用, 而不是 π 介子和核子的赝标量相互作用.

[16] M. L. Goldberger, H. Myazava 和 E. Oehme 在文章《色散关系在 π 介子散射中的应用》("Application of dispersion relations to pion-nucleon scattering", Phys. Rev. 99(1955), 986–988) 中, 给出了用于散射的色散关系的正确形式.

戈德伯格的证明是纯粹启发式的, 从数学角度看, 这是不充分的. N. N. Bogolyubov, B. V. Medvedev 和 M. K. Polivanov 首先证明了对 πN-散射 (散射角在一个区间内) 的色散关系. 1956 年 9 月在西雅图举行的国际会议上宣布了它, 并发表在下书中: N. N. Bogolyubov, B. V. Medvedev, M. K. Polivanov, "Problems of the theory of dispersion relations", Gos. Izv. Fiz.-Mat. Lit., Moscow, 1958.

[17] "核民主" 纲领最生动的表述是在下书中: G. Chew, "Analytic S matrix. A basis for nuclear democracy", W. A. Benjamin, New York-Amsterdam, 1966.

[18] 夸克模型由盖尔曼和茨威格 (Zweig) 于 1964 年各自独立提出: M. Gell-Mann, "A schematic model of baryons and mesons", Phys. Lett. 8(1964), 214–215; 茨威格的文章则发表在 CERN 的预印本上.

[19] 这种计算可以在例如 A. I. Akhiezer 和 V. B. Berestetskii 的《量子电动力学》("Quantum electrodynamics", 3rd ed., Nauka, Moscow, 1969) 一书中找到.

[20] 与当时的讨论有关的最生动的文件之一, 可以在欧洲核子研究组织的预印本《1962 年 7 月 7 日举行的非正式讨论记录》("Record of an informal discussion held on 7 July 1962", CERN 63-15, 1963) 中找到.

[21] 这是文章: L. D. Landau, I. Ya. Pomeranchuk, "On the point interaction in quantum electrodynamics", Dokl. Akad. Nauk SSSR 102(1955), 489–492.

[22] 波美拉楚克和合著者于 1955 年在文章中表达了这个观点. 文章重印于下书中: I. Ya. Pomeranchuk, "Collected scientific works, Vol.II", Nauka,

Moscow, 1972, pp.173–204. 在第 38 页 (1955 年的作品) 上的一篇文章中对此有典型的表述, 该文章建议研究过程 $e^+e^- \to \mu^+\mu^-$.

"如果 μ 介子没有比电磁作用更重要的特定相互作用, 那么对介子参与的电动力学过程的实验研究可以提供关于现代场论的适用限度和在其附近的自然定律的重要信息——这是因为 μ 介子的康普顿波长与可预期到时空概念发生急剧变化的长度相当."

[23] 在 W. Heisenberg 的《物理学和哲学》("Physics and philosophy", Harper, New York, 1958) 一书中.

另请参见他的著作《部分和整体》("Der Teil und das Ganze", Piper, Munich, 1971).

[24] 海森伯在非线性旋量场上的研究在下书中有说明: W. Heisenberg, "Introduction to the unified theory of elementary particles", Wiley, London, 1966.

3.5　对话 5 的注释

[1]　关于超引力的一个不太技术性的综述, 参见: P. van Nicuwenheuzen, "Supergravity", Phys. Rev. No.4, 1981, 189–398.

[2]　显然, 支持 QCD 有效性的最佳论据是:

(1) 射流理论中的一些定量结果, 可以通过停留在紫外自由区域得到. (2) 通过将微扰 QCD 和 $c\bar{c}$、$b\bar{b}$ 系统自身的势模型组合起来, 而得到关于系统 $c\bar{c}$、$b\bar{b}$ 的计算结果. 这里的势是通过两个势做插值而选择的: 一个是短距离作用量——在微扰 QCD 理论框架内计算——它接近库仑势 (带对数衰变的电荷); 另一个是必须对应于禁闭的线性增长势. 关于这种势的猜测由来已久, 我们不能在这里讨论. 目前, 我们显然可以假设它已经通过计算机计算 (利用 $\mathcal{L}_{QCD}$ 的格点近似) 证明是合理的.

通过采用特殊的假设和/或实验信息补充 QCD, 也获得了大量结果. 关于基本粒子理论的形成过程和当前研究现状的最易获取的资料, 是每两年定期召开一次的基本粒子物理学会议的论文集 (Proceedings of the conference on elementary particle physics). 最近的几次会议是: 1978 年在东京、1980 年在美国巴达维亚, 1982 年在巴黎.

[3]　在这里, 我们再次遇到同形异义词. 就像古典力学的抽象形式 (具有任意成对势的 N 粒子的系统) 一样, 我们在 PHYS 之前所指的意义上没有正

确地处理 "理论" 一词. 古典力学和量子场论都是某种指定类型的语法和字典. 通过给定势和/或指定系统, 可以得到具体的物理理论. 在牛顿的《原理》中, 第一卷第十一节的著名命题 XVI 有 22 个推论, 他描绘了该理论的第一幅草图. 这是有成对势 km_1m_2/r 的 N 体系统的力学, 它是经典引力的天体力学. 实际上, 该理论中的大多数结果是通过转化为 $N+1$ 体的问题而获得的, 并考虑到其中一个物体 (太阳) 的质量远大于行星的质量; 甚至考虑到了更多特殊问题. (例如, 地月日系统的理论.)

同样, 在 "量子场论" 中, 我们有某种通用语言. 在选择特定的候选场后, 人们获得了 QCD 或 QFD 类型的具体物理理论. 实际上, 情况更加复杂. 科学文献中讨论的大多数理论的实现, 在物理上的适用范围都有限, 并且在数学上可能是矛盾的. 因此, 在实践中, 模型总是通过某些配方来补充, 从而使人们能够避免困难; 例如, 我们有重整化方法, 它在 QED 中被证明是非常有效的. 名为 "量子场论" 的书的内容不可避免地既反映了撰写本书时的知识领域状态, 也反映了其作者 (或作者们) 对该主题的看法. 无论如何, 在过去的 20 年中, 它们通常包含 1) 自由场的描述和分类; 2) 证明了一些一般定理, 例如吕德斯 – 泡利 (Luders-Pauli) 的 CPT 定理; 3) 对微扰理论构造的描述; 4) 对重整化方法的描述; 5) 一些具体模型以及这些模型中各类结果的推导.

最新一代的场论书籍趋向于将主题限制为规范理论. 在所有情况下, 这是有道理的, 因为: 当今所有被声称适用性广泛而不是适用范围狭窄的理论都与规范理论有关. 显然, 可以希望的是, 诸如 QCD 这样的理论实际上是现实的, 同时不含有矛盾.

[4] PHYS 继续在 QED 的具体示例中讨论 QFT 计算的标准规则. 在上面提到的书中可以找到对此的解释以及这些规则的推导. 在阿希耶泽尔和别列斯捷茨基的专著中, 有对 QED 的计算结果的大量说明: A. I. Akhiezer and V. Berestetskii, "Quantum electrodynamics", Nauka, Moscow, 1969.

QED 框架内的现代计算形成了一个高度发达的领域. 对于诸如电子磁矩这样的量, 可以达到的精度 ($\sim 10^{-9}$) 在科学史上显然无法逾越, 并且它超过了天体力学所达到的精度.

[5] 当然, 这是一个纲领, 而不是一个已经存在的理论. 例如, 可参考爱因斯坦在苏黎世的演讲, 标题为《关于原子理论在最新物理学中的角色》("On the role of atomic theory in the latest physics"). 请参见 I. Kobzarev, "A. Einstein, M. Planck on the atomic theory" in Priroda, No.3, 1979, pp.8 – 26, 特别是第 8 – 9 页.

例如, 在著名教科书的标题中可以看到 "原子物理学" 这个组合, 如 E. Shpol'skii, "Atomic physics", Vol.1, 6th ed., Nauka, Moscow, 1974.

[6]　我们指的是海特勒关于量子电动力学的书. 其第一版出版于 1936 年, 我们在下文中引用了第二版, 其内容几乎没有改变: W. Heitler, "The quantum theory of radiation", O. U. P., Oxford, 1944. 30 年代初对 QED 最常见的研究源于 1930 年费米在美国的演讲: E. Fermi, "Quantum theory of radiation", in: Rev. Mod. Phys. 4(1932), 87 – 132.

3.6　对话 6 的注释

[1]　在下文中, PHIL 在两本词典中都提到了 "理论" 一词: The Concise Oxford Dictionary of Current English, 4th ed., Clarendon Press, Oxford 1951; The American Heritage Dictionary of English Language, ed. William Morris, Am. Her. Publ. Co. and Houghton Mifflin Company, New York 1971. 在下文中, 我们将这两本词典中的对应词条分别称为 "牛津 – 理论" 与 "美国 – 传统 – 理论".

牛津: 可以解释某些事物的假设 —— 尤指基于与现象等无关的原理的 (假设), 与假说相对, 例如: 原子理论, 万有引力理论, 关于进化/演化的理论; 思考性的观点, 如 "我的宠物理论 (pet theory) 之一" (通常意味着幻想); 思考性的领域, 如 "理论上很好, 但在实践中如何运作?"; 对科学原理的阐述, 如 "音乐理论" 等; (数学上的) 旨在说明学科的原理的结果集合, 如关于可能性的理论 (theory of chance)、关于方程的理论.

美国传统: 理论是一种系统地组织起来的知识, 它适用于较广泛的各种情况. 尤其是指假设系统、公认的原则和程序规则, 它们旨在分析、预测或以其他方式解释关于现象的特定集合的本质或行为. (1) 这种知识或这种系统不同于实验或实践; (2) 抽象推理或推测; (3) 从广义上讲, 假说 (hypothesis) 或预设 (supposition).

[2]　在以下文章中计算了这种效应: A. D. Galanin and I. Ya. Pomeranchuk, "On the spectrum of μ-mesohydrogen", Dokl. Akad. Nauk SSSR 86(1952), 251 – 253.

3.7 对话 7 的注释

[1] MATH 引用的是下书: T. S. Kuhn, "The structure of scientific revolutions", Univ. of Chicago Press, Chicago, 1975.

[2] MATH 在这里引用了索绪尔著名的《普通语言学教程》("Cours de Linguistique Générale"). 众所周知, 这本著作是他去世后, 人们根据他的学生巴利 (Bally) 和萨切特 (Sachet) 的课程笔记整理出版的. 因此, 索绪尔本人赋予语言 (langue)、言语行为 (langage) 和言语 (parole) 等术语的含义尚不清晰. MATH 认为必须用以下方式理解这一点: 1. 语言: 一种抽象的语言规范; 这是实际使用的语言规范的某种理想化; 与其他的任何理想化一样, 它并未适当地 "存在"; 2. 言语行为: 一种可称为存在于说话者潜意识中的心理生理结构, 它负责产生口头或书面文本; 3. 言语: 文本本身. 原则上, MATH 并没有太多地重视语言和言语行为的区别. 换句话说, 他认为语言实质上是 "理想的" 言语行为. 显然, 他也倾向于将语言等同于语言规范——在语言学家在词典和教科书中有意地加以固定和宣布的形式中.

[3] MATH 指的是本书 "对话" 部分的作者之一的书: I. Kobzarev, "Newton and his time", Znanie, Moscow, 1978.

[4] 参见冯·诺伊曼的演讲:《数学家》("The mathematician"), 收录于 J. von Neumann,"Collected works", Vol.1, Pergamon Press, New York-London-Oxford-Paris, 1961, 1–9.

[5] 关于阿基米德的静力学和托勒密的实验, 请参见 Ya. G. Dorfman, "A universal history of physics from antiquity to the end of the 18th century", Nauka, Moscow, 1974.

[6] 这里提到的书是 I. Lakatos, "Proofs and refutations", Cambridge University Press, 1976.

[7] "刚体理论" 中的 "理论" 一词当然要以牛津词典相应词条的第 4 项的含义来理解 (见对话 6 的注释). 当然, 每个理论家都有自己不同的范式, 这显然类似于语言学领域中的 "个人言语方式".

[8] 这里提到的书是卢克莱修的《物性论》("On the nature of things").

[9] 这里指的是麦克斯韦在 1859 年撰写的一篇文章, 他在文中采用理想的弹性原子模型来研究气体的动力学.

[10] 这里指的是亥姆霍兹在 1847 年发表的题为《论力的守恒》("On the conservation of force") 的演讲. 例如, 可以在如下书中找到关于此演讲的信

息: Ya. G. Dorfman, "A universal history of physics from the beginning of the 19th to the middle of the 20th centuries", Nauka, Moscow, 1979.

3.8　对话 8 的注释

　　[1]　有关量子场论的常用教科书, 如 J. D. Bjorken 和 S. D. Drell 的《相对论性量子场论》("Relativistic quantum fields", McGraw Hill, New York, 1965) 中含有对 "费曼规则" 的简要概述. 这些规则适于被形式化, 它们原则上甚至可以教给计算机; 至少在将解答约化为积分的意义/水平上. 关于重整化的问题更为复杂, 但至少对量子电动力学, 它们可以被完全形式化.

　　非规范场论的现代重整化形式化 (formalism) 由 N. N. Bogolyubov 和 O. S. Pozasuk 在论文中发展, 并由 R. Hepp 改进. 对原始论文的引用可以在以下书中找到: N. N. Bogolyubov and D. V. Shirkov, "Introduction to the theory of quantized fields", Interscience, New York, 1959. 以下书中描述了规范场的重整化: A. A. Slavnov and L. D. Fadeev, "Introduction to quantum theory of gauge fields", Nauka, Moscow, 1978.

　　[2]　PHYS 指的是下书: R. P. Fcynman, "Theory of fundamental processes", W. A. Benjamin Inc., New York, 1961.

　　[3]　在对话 4 中提到了朗道和波美拉楚克的工作.

　　[4]　泡利 – 维拉斯正则化是形式上修改拉格朗日量, 以使 QED 中的微扰级数的所有项都有限的一种方法. 该方法是方便的, 因为没有违反振幅和概率的基本属性. 重整化后, 会得到通常的答案. 但是, 在能量 $E > \Lambda$ 时, 答案就变得毫无意义, 因为物理过程的概率为正的条件被破坏了. 下文中给出了该方法的描述: W. Pauli and F. Villars, "On the invariant regularization in relativistic quantum theory", Review of Modern Physics 21(1949), 434 – 444.

　　[5]　T. Kuhn, "Black-body theory and the quantum discontinuity, 1894 — 1912", New York, 1978.

3.9　对话 9 的注释

　　[1]　根据量子力学的标准表述, 有必要引入一个 "经典仪器", 以便在该理论的表述中引入 "在测量的物理量 A 上得到结果 A_i" 类型的表达式. 与

经典仪器互动是一种测量行为. 假定在测量之后, "经典仪器" 的状态总是可以确定的. 量子力学中没有描述这个确定状态的行为; 它的实现会导致完备有限类型的 "向量态" 突然发生变化 (归约), 尽管只是统计地预测出来. (下文中将会讨论向量态的概念.) 有关测量理论的详细说明, 可以在如下的经典综述中找到: W. Pauli, "Die Algemeinen Principien der Wellenmechanik", in "Handbuch der Physik", 2nd ed., Vol.24, Part I, Springer, Berlin, 1933, 83–272.

PHYS 所参考的是朗道和利夫希兹的经典专著《量子力学》("Quantum mechanics", Nauka, Moscow, 1974), 作为测量理论阐述的标准版本. 这里不考虑与量子力学中的测量理论相关的问题和争议. 对我们来说, 最重要的是不能从量子力学内部导出经典的仪器. 在这种意义上, 经典力学通常不包含在量子力学中.

[2] 洛伦兹提出的光在物质中的色散理论是基于这样的假设, 即存在弹性连接的电子 (振子). 洛伦兹在系统发展这个思想的基础上, 在著作《电子理论》("The theory of electrons", Teubner, Leipzig 1916 (2nd ed.)) 中阐述了该理论. 这本书中可以找到关于弹性电子的参考文献. "这种理论很能让人联想到当初在以太被视为弹性体时, 研究光波理论的物理学家提出的各种解释. Zellmaier、Ketteler、Bussinek 和 Helmholtz 指出, 光的速度必须取决于振荡的周期, 因为介质由小的微粒组成, 这些小微粒在入射光束的作用下会发生振动……Zellmaier 的小颗粒现在成为我们的电子."

在色散的量子理论中, 每个振子对应于从一个能级到另一个能级的跃迁. 参见 W. Heitler, 同上书, 第 132 页.

"实际上, 如果我们忽略阻尼 γ, 并且为原子的每个量子跃迁指定一个频率为 $(E_i - E_0)/h$、'振子强度' 与 $P_{n_0 n_j} P_{n_j n_0}$ 成正比的经典振子, 则 (12) 的第一项恰好对应于 §5 中的经典公式 (11)."

[3] 在 1910 年, 德拜将振子能量的普朗克公式应用于腔体中电磁场振动的简正模式, 并由此推导出普朗克的黑体辐射能量密度公式. 他此处的成就是避免了物质振子与辐射相互作用的问题. 正如爱因斯坦在 1906 年所强调的那样, 普朗克曾在已失去力量的古典理论中考虑过它. 参见 P. Debye, "Der Warscheinlichkeit Begriff in der Theorie der Strahlung", Ann. Phys. 33(1910), 1427–1434. 直接考虑适当的振动模式消除了这个问题. 适当的场模式的思想也被瑞利 (Rayleigh) 于 1900 年应用, 参见 Lord Rayleigh, "Remarks upon the law of complete radiation", in: Phil. Map. 49(1900), 539–540. 实际上, 甚

至在 1906 年早期, P. Ehrenfest 在文章 "Zur Planckschen Strahlungtheorie", Phys. Z. 7(1906), 528–532 中, 就已将普朗克公式应用于腔体中的振子; 但这篇文章当时并未引起注意, 可能是因为普朗克推导中的矛盾本质尚未浮现出来. 不久之后, 洛伦兹与普朗克提出了类似的想法. 在我们引用的 I. Kobzarev 的文章以及 T. S. Kuhn, "Black-body theory and quantum discontinuity", Oxford Univ. Press, New York, 1978, 1894–1912 中, 讨论了这段时期振子理论的历史.

[4]　上文中引用的洛伦兹的书中, 描述了经典电子理论中反常塞曼效应的困难. 庞加莱在下面的文章中讨论了这个问题: H. Poincaré, "La théorie de Lorentz et les expériences de Zeeman", in: Éclairage Électrique 11(1897), 481–489 和 "La théorie de Lorentz et le phénomène de Zeeman", 同上刊, 19(1899), 5–15.

塞曼效应的正确量子理论需要考虑电子自旋. 例如, 可以在以下文章中找到有关其起源的历史的说明: B. van der Waerden, "The exclusion principle and spin", in: "Theoretical physics in the twentieth century. A memorial volume to W. Pauli", ed. M. Fiez and V. Weiskopf.

[5]　海森伯的想法是在 1915—1925 年的旧量子理论的背景下提出的——将其直接应用到原子中的电子、光的辐射以及原子对光的散射中. 海森伯对其进行了根本性的改变, 显然这首先是因为需要将以下事实引入光的色散理论, 即散射中的共振只能在光子的频率等于原子能级的差异时发生. 向表格 (tableaux) 的过渡, 或者用本书中的术语——坐标算符的矩阵, 是基于他的原子轨迹 "不可观测" 的思想, 以及与爱因斯坦在创造狭义相对论的过程中所采用的方法的类比. 去除 "不可观测量" 可以看作马赫实证主义的影响, 但是如果确实如此, 那么这是通过爱因斯坦间接实现的. 参见 A. Hermann, "W. Heisenberg", Rowlte, Hamburg, 1976, p.30, 其中引用了库恩和海森伯的讨论: "那么您读过马赫了吗?" 答案是: "不, 我不得不说, 我从未认真阅读过马赫的著作. 我后来研究了它——在很久以后. 不知何故, 马赫从未给我留下特别深刻的印象. 而爱因斯坦对事情的看法给我留下了深刻的印象."

海森伯 1925 年工作的重点是引入了等价于对易关系 $[qp] = ih$ 的关系 (尽管其确切写法有所不同). 参见文章: W. Heisenberg, "Über Quantentheoretische Umdeutung kinematischer und mechanischer Beziehungen", Z. Phys. 33 (1925), 879–893 中的等式 (16). 该方程式由海森伯作为对旧量子理论中 $\int pdq = nh$ 一式的推广 (用他引入的表格的语言) 或量子矩阵的条件而获得.

海森伯得到的关系已经由库恩和多马在色散理论中引入. 海森伯在文章中引用了他们的工作.

[6] 这里引用的是以下文章: M. Born and P. Jordan, "Zur Quanten-mechanik", Z. Phys. 34(1925), 858–888. 此文中已经讨论了电磁场的量子化. 在下一篇文章: M. Born, W. Heisenberg and P. Jordan, "Zur Quanten-mechanik II", Z. Phys. 35(1926), 577–615 中, 对具有 n 个自由度的系统, 以矩阵形式构造了量子力学.

[7] E. Fermi, "Notes on quantum mechanics", University of Chicago Press, 1961.

我们引用了其俄语译本: E. Fermi, Kvantovaya mekhanika, Mir, Moscow, 1965, pp.105–161.

[8] 在前文中的比约根和德雷尔的书中可以找到关于二次量子化过程的现代描述.

[9] 这里引用的是以下文章: P. A. M. Dirac, "Emission and absorption of radiation", Proc. Royal Soc. A 114(1927), 243–265. 在狄拉克的文章中, 完整地描述了 γ 量子的量子力学, 并描述了给定占据数的状态的振幅. 该方法考虑了当时已知的玻色–爱因斯坦统计, 并使用了振子场的量子化. 实际上, 后者早在玻恩、海森伯和若尔当的文章中就已提出. 狄拉克作品的主要新颖之处似乎是对已发展的原子对光的辐射和吸收的形式化的系统处理.

[10] 在文章: P. Jordan and E. Wigner, "Über das Paulische Aquivalen verbot", Z. Phys. 47 (1928), 631–651 中, 系统地发展了服从费米统计的粒子的二次量子化技术.

此文证明了场的二次量子化语言和占据数语言的等价性, 其中位形空间 $\psi(x_1, \cdots, x_n)$ 中 n 个粒子的量子力学有反对称的波函数. 最初大家接受这个创造的时候并不热情. 参见上文引用的泡利的综述, 第 198 页: "值得怀疑, 这是否是一个真正深刻的物理类比, 而且也已经证明, 不应用这些方法也可以获得波动力学的所有结果. 至少它们必须作为计算方法被提及." 这种方法在相对论性场中变得基本.

[11] 费曼图的方法可以在任何关于量子场论的书中找到, 例如比约根和德雷尔的书.

[12] 见这篇文章: N. Bohr and L. Rosenfeld, "Zur Frage der Messbarkeit der electromagnetischen Feldgrossen", Kgl. Dans. Vid. Sels. Math. -Fys. Medd. 12(1933), 3–65. 其中分析了可以测量电磁场的分量的精度. 结果表

明, 其最大精度由场的对易关系决定.

[13] 泡利的证明见以下文章: W. Pauli, "The connection between spin and statistic", Phys. Rev. 58(1940), 716–722.

[14] M. Born, "Quantenmechanik der Stossvorgänge", Z. Phys. 38(1926), 803–827.

[15] PHYS 在谈论费米在 1932 年发表的综述文章, 前文中引用过, 该文对原子 (原子中的电子) 与辐射的相互作用理论系统地进行简述. 本文的一个有趣特征是, 费米并未使用任何二次量子化. 他的场被分解成恒定的 (stationary) 波振子的总和; 然后, 他将微扰理论应用于原子和振子从一种状态到另一种状态的跃迁. 实际上, 这意味着他在一个基上工作, 在此基上成为对角型的不是场振子的能量矩阵, 而是振子的振幅. 过渡算符的矩阵元当然与产生和吸收矩阵算符的矩阵元相同. 原子可以通过薛定谔或狄拉克方程简单地描述. 本文考虑了标准教科书中已不出现的许多问题. 例如, 他考虑了两个原子 A 和 B 的相互作用, 其中 A 在 $t = 0$ 时被激发, 并且他证明 B 仅在时间 $t = r_{AB}/c$ 之后才开始被激发, 其概率包含因子 $1/r_{AB}^2$. 他考虑了 A 产生的辐射与其镜面反射波的干涉, 并证明原子 B "看到"了干涉图像和多普勒效应. 因而, 他证明了量子场论再现了经典波动理论的所有预期特征. 在前面提到的狄拉克的文章中, 仅讨论了电磁场的自由度, 即与光子相对应的波. 而费米在文章中, 还对库仑相互作用进行了系统的描述. 它比海森伯和泡利在更早的文章中给出的要简单得多: W. Heisenberg and W. Pauli, "Zur Quantenmechanik der Wellenfelder", Z. Phys. 56(1929), 1–61; 同上刊, 59(1930), 168–190. 费米发展的方法已在 30 年代和 40 年代的许多教科书中再次出现 (例如, 在前面提到的海特勒的书中).

实际上, 即使现在, 在考虑具体问题时, 也不会根据场的二次量子化范式的一般规则, 而是根据给定问题的简单性来选择基和拉格朗日量.

3.10　对话 10 的注释

[1]　参见 A. Eucken and W. Knapp, "Die Theorie der Strahlung und der Quanten", Halle, 1914, p.365.

"另一方面, 在关于这一点的讲座和讨论中, 我注意到, 同一理论中的一部分是基于旧力学的基础, 但另一部分则是基于与之相矛盾的假设. 必须记住, 如果证据是基于两个相互矛盾的前提, 那么就可以不需太多努力证明任何命题."

[2]　根据 QED, 原子核的库仑电荷产生出虚的 e^+e^- 对, 而原子核附近的虚电荷对的分布会对核电荷进行部分屏蔽. 如对话 6 所述, 这将对介子原子 (meso-atoms) 产生显著影响.

[3]　V. S. Popov, "Quantum electrodynamics of superstrong fields", Priroda No. 10, 1981, 14–22, 其中引用了原始的研究和综述文章.

[4]　20 世纪物理学的 "非经典特征" 与被描述的事物及其描述之间出现的新关系紧密相关, 这使它们感到彼此之间的裂痕. 这种裂痕被一种哲学思想所弥合, 该哲学思想将其主题重新定义为: 不仅是现实或在理论中对现实的理想的客观化, 而且是这种客观化的可能性的前提及其意义.

"玻尔的思路使我想起了在贝格湖旅行期间, 罗伯特·施塔恩表达的观点: 原子通常不是物 (thing)." 在 20 年代初, 海森伯在重建物理学家的思想状态时, 如此写道: "尽管玻尔也认为化学中原子内部结构的许多细节对他来说都是已知的, 但构成这些原子壳层的电子在很明显的意义上已不再是物. 无论如何, 它们不再是在更早期物理学的意义上的物, 即可以在位置、速度、能量和广延方面能毫无保留地描述的事物. 因此, 我问玻尔: '如果原子的内部结构稀少得难以清晰描述, 正如您所声称的, 而且——恰当地说——您没有可以用来谈论这个结构的语言, 那么我们如何去理解原子是什么?' 玻尔迟疑了一下, 然后说: '也许可以. 但是首先我们必须找出 "理解" 一词的含义……' 并进一步地说: '……人们只有在决定性的时刻, 自愿放弃之前的科学所依据的描述, 并在一定意义上跃入虚空, 才能抵达某些真正的科学新领地.'" (W. Heisenberg, "Der Teil und das Ganze: Gespräche im Umkreis der Atomphysik", Piper, Munich, 1971, 63–64, 101.)

自从以上苏格拉底式对话以来的这段时间里, (……"自然科学以实验为基础; 它通过在其中工作的人的讨论得出结果, 他们互相讨论对实验的解释. 这样的对话是本书的主要内容. 他们应该清楚地表明, 科学是在谈话中产生的. 毋庸置疑, 在几十年后对话无法被逐字地再现." 同上书, 第 9 页[①]) 已经创造出一种语言, 可以用它讨论原子结构和原子、亚原子水平的物理过程. 这种语言本质上是数学的, 因为它含有双重语义, 因此具有双重生命; 它的一副面孔转向了柏拉图式实体构成的确定世界, 根据康托尔之后数学家的普遍共识, 这个世界是所有数学构造之含义的容器, 如果一个人不希望诉诸这个世界, 那么他至少可以说, 集合论数学的简洁而精确的书面语言是一个公有领域, 并且是判断标准, 因为正确地使用它不会引起任何不和谐, 但是, 一旦数学文本成

---

① 译者注: 此处译文参照了德文原文.

为对理论物理学的讨论, 它就有了一种转 (而面) 向物理现实的语义, 并依据不同的规则被解释.

此外, 这种语言的数学方面提供了严格的限制系统, 这些限制决定了该语言的发展和结构 (在这里, 重点的所在——是计算的句法, 即形式上的代数结构; 还是解析上的 "精确性" 和几何上的 "清晰度"——并不是那么重要). 现实与理论物理学的论述相对峙. 形式和实在的对立就发生在其交界处: 即形式语言的语法与早先范式中所描述的现实的语法的不兼容性, 及这两种语言在语义上的不相容性. 如果前者被反复而彻底地论证, 那么后者就被认为是必然的, 并且被绝望地接受下来. 经典决定论与玻恩概率诠释之间的 "虚空" 被半经典近似和估计的虚线所弥合, 但经典概率和量子的复数概率振幅之间的 "虚空" 直到今天仍然需要一个飞跃.

从这个角度来看, 复数不仅在计算装置中, 而且在整个量子力学概念系统中都起着很大的作用, 因此值得高度关注. 即使在与复数相关的术语 (实部、虚部) 的词源中, 也根植着实在和形式的对立. 希尔伯特是第一个提出数学中 "存在" 思想的明确概念的人, 他同样使用了 $\sqrt{-1}$ 作为例子. 他在著名的《数学问题》演讲 (1900 年) 中说:

"为了从另一个角度描述这个问题的重要性 (确定算术公理的一致性), 我谨给出以下的补充说明. 如果某些概念互相矛盾, 那么我说这个概念在数学上不存在, 因此, 例如, 平方等于 -1 的实数在数学上不存在. 另一方面, 如果可以证明某个概念所具有的性质不会通过有限步推导得出矛盾, 那么我就说这个数学概念的存在性——例如, 一个满足指定条件的数或函数——被证明了. 在目前的场合, 我们关心的是实数算术公理, 证明这些公理的一致性等同于证明实数系或连续统在数学上的存在性. 实际上, 如果有人能完全成功地证明这些公理的相容性, 那么所有那些不时产生的、反对实数概念存在性的论点就失去了全部基础. 诚然, 从上述观点来看, 实数或连续体的概念不仅仅在于收集所有规律, 这些规律支配着某些基本序列的元素; 而且在于一个由元素构成的系统, 这些元素之间的相互关系由公理系统建立, 而且其有效命题恰好是可以从这些公理通过有限步的逻辑推导而获得的命题." (D. Hilbert, Mathematical problems II, 引自 "The Hilbert problems", Nauka, Moscow, 1969, 26–29. 原文见 Göttinger Nachrichten, 1900, 253–297 或 in Ges. Abh. Werke.)

显然, 希尔伯特意义上的数学对象的 "存在" 与某个电子或共振态的 "存在" 处于不同的层面. 但这对现代物理学而言也并非无趣, 因为近二十年来物理学中的全部影响趋势, 即公理化场论, 都将目光放在 QFT 在希尔伯特意义上是否存在上 (如果它是一个关于相互作用量子场的问题). 关于哥德尔所揭露出的、希尔伯特概念的易受攻击的方面——关于它的技术方面——在此处无法涉及. 但是哥德尔的发现的重要之处在于, "存在性" 这个概念不能被形式上的一致性所取代.

[5] 参见 "Die Theorie der Strahlung der Quanten", p.364. 绝热假设的进一步发展可以在以下文章中找到: P. Ehrenfest, "A mechanical theorem of Boltzmann and its relation to the theory of energy quanta", Proc. Amsterdam Acad. 16(1913), 591–597. 这个假设在量子理论发展的早期阶段 (1915—1925) 发挥了重要作用. 有关绝热假设的早期历史的更多信息, 可以在之前提到的库恩的《量子不连续性》("Quantum discontinuity") 一书中找到.

[6] 例如, 在前面引用过的 Brockhaus 和 Efron 的百科全书 (encyclopaedia) 的 "引力" 词条中.

[7] 他们试图回忆起希波克拉底誓言 (Hippocratic oath).

[8] 这里的参考文献是已引用过的, 1904 年庞加莱在圣路易斯的演讲.

3.11 第二章的注释

当然, 我们的文章并未声称要用作量子场论或基本粒子物理学的教科书. 其目的是用数学语言描述现代基本粒子论的一些基本结构.

读者必须记住, 目前, 我们处理量子场论 (或更准确地说, 是某些用量子场论语言描述基本粒子特定类型的相互作用的理论, 例如 QCD 或 QFD) 的能力是在很大程度上、甚至是压倒性地基于玻色和费米振子的量子化以及在微扰理论中使用玻恩近似. 当然, 即使是只迈出了第一步——即最简单的玻恩近似, 它就通过计算辐射修正展开了自我改善的道路, 而辐射修正通常意味着解决非平凡问题.

因此, 通常, 我们从排除拉格朗日量中包含的基本场之间的所有相互作用开始. 此后, 将系统的哈密顿量转换为与平面波相对应的非相互作用振子系统的哈密顿量. 对于自旋为 0 或 1 的场, 将根据玻色统计对它们进行量子化, 而对于自旋为 1/2 的场, 则使用费米量子化. 此后, 使用标准程序构造 S 矩阵, 即 $\gamma + e \to \gamma + e$ 或 $e^+ + e^- \to \gamma + \gamma$ 类型的散射过程的跃迁振幅 (transition amplitude). 在这里我们注意, 表示相互作用和推导费曼规则的通常构造, 是通过从 T 乘积转换为 N 乘积来完成的. 我们没有对这种传统材料进行说明, 可以在著名的教科书中找到它们, 例如前面提到的比约根和德雷尔的书, 或阿希耶泽尔和别列斯捷茨基的书, 或 N. N. Bogolyubov 和 D. R. Shirkov, "Introduction to quantum field theory", 3rd ed., Nauka, Moscow, 1976. 只需回顾一下, 这些书中所反映的在量子场论发展的那段时期的基本目标, 被认为是去创造超越微扰理论框架的方法; 因此, 该描述是相对简单的二次量子化结构和通向玻恩近似和费曼级数的道路. 在这些书中, 作者并未将该描述视为基本目标, 并且可将其穿插在对更加通用和抽象方法的描述中. 无须赘言, 当人们仔细检查那些声称描述现实的理论时, 即使是 S 矩阵和玻恩近似的理想的简单性也会迅速消失. 在 QED 中, 光子的无质量性导致需要特殊地考虑红外灾难, 并用特殊方法构造自由态以将电子的物理态中存在的软光子 (soft photon) 考虑在内. 当然, 这些内容也可以在上述教科书中找到.

即使在 QED 中, 标准的正则量子化程序中也需要引入与理论的规范不变性有关的改动. 电动力学的拉格朗日量的量子化实际上是有约束系统的量子化. 从技术上讲, 在非阿贝尔群的规范理论的情况下, 这个问题变得更加复杂, 但是即使在这里, 只要我们将自己限制在微扰理论上, 似乎就不会出现原理上的困难. 下面的书描述了这个领域的研究现状: A. A. Slavnov and L. D. Faddeev, "Introduction to the quantum theory of gauge fields", Nauka, Moscow, 1978 和 P. Ramond, "Field theory, A modern primer", Benjamin-Cumming, London, 1981.

使用 QFD 规范理论来描述轻子的弱相互作用可以再次基于使用玻恩近似, 并且在这个意义上是相当自洽的. 可以在第二章的最后一节中找到这类描述的示例. 在以下两本书中已经考虑了该主题: J. C. Taylor, "Gauge theories of weak interactions", Cambridge Univ. Press, London-New York-Melbourne, 1976 和 L. B. Okun', "Leptons and quarks", Nauka, Moscow, 1981.

即使在 QED 中, 当必须考虑束缚态并计算正电子到 γ 量子的湮灭时, 也必须超越 S 矩阵形式理论的范围, 并使用正电子束缚态的 ψ 函数和一个关于大、小距离分解的假设——该假设导致湮灭的概率与 $|\psi_0|^2$ 成比例. 在 QCD 中, 当夸克被非常强地束缚着, 并通常不会实现为自由态的时候, 问题获得了另一阶复杂度. 尽管如此, 玻恩的方案可以适用在某些情况中. 在类型为 $\nu_\mu + A \to A' + \mu$ 的过程中, 其中 A 和 A' 为强子态, 且向强子转移的能量和动量远大于特征能量 Λ——在此能量下 QCD 相互作用增强, 夸克可以被视为点粒子并且可以使用玻恩近似进行计算. 这导致了所谓的深度非弹性过程的理论, 该理论在其适用范围内很好地描述了实验事实. QCD 的一个广泛的

分支包含复现正电子的 QED 计算方案, 但是其中不清楚的部分当然是势的选择, 或者说按照距离的长短进行因子化 (factorization) 或使用部分子去近似胶子, 例如, 在计算重系统 $q\bar{q} \to 3g$ (其中 g 是胶子) 的湮灭过程时; 这远不是显而易见的. 很有可能, 系统分析 QCD 的时刻尚未到来.

附录

弦

最近, 我受邀参加在西班牙埃斯科里亚尔 (El Escorial) 举行的弦论和超弦论的会议. 一张补充海报描绘了费利佩二世 (Felipe II) 建造的著名的圣洛伦佐修道院 (San Lorenzo Monastery), 它的形状是亏格为 17 的黎曼面, 并有 4 个尖顶. 艺术家巧妙地渲染了用绳索悬挂在城堡表面的双重象征: 绳索和叉齿使人想起了宗教裁判所和有施虐癖的君主, 同时又象征了普通的理论物理学家的可视化新玩具 —— 经典弦和量子弦.

好吧, 这不是很新. 韦内齐亚诺 (Veneziano) 在强相互作用物理学中发现了他非凡的对偶振幅时, 弦论便在 60 年代奠定了基础. 之后不久人们就理解到, 韦内齐亚诺模型描述了相对论性的一维对象 (即弦) 而不是通常点粒子的量子散射. 这种图景与关于强相互作用的类似部分子行为的实验数据在定性上吻合. 人们可以将介子想象成一个颜色通量, 在其末端上贴着夸克. 则弦的长度尺寸应约为 10^{-13} cm. 弦具有内部激发模式, 因此它们会导致强相互作用中的粒子增生 (proliferation).

但是, 对偶弦论的强子解释因定量上不相符而备受困扰. 仅举一个例子, 相对论性弦的量子理论似乎仅在 26 维时空是自洽的, 但强子显然生活在我们的四维世界中!

同时, 量子色动力学, 即量子化的杨–米尔斯场论, 作为强相互作用的正确理论而获得了发展, 而弦论则变得过时了.

弦论的现代复兴首先基于舍尔克 (Scherk) 和施瓦茨 (Schwarz) 在 1974

年提出的重新解释.

这个理论现在被认为是普朗克尺度 ($\sim 10^{-33}$ cm) 而非强子尺度的基本粒子物理学的候选理论. 这个从实验数据出发、跨越二十个数量级的浪漫飞跃, 使现有的理论物理学成为一个非常奇怪的理论, 而且对低能 (曾经的高能) 物理现象的相关理论提出了新的问题. 从心理上讲, 这一飞跃已由基于杨 – 米尔斯场的大统一模型做好了准备, 该模型的规范群较大, 并且对强相互作用和电弱相互作用的耦合常数在高能下的行为进行了大胆的推断.

现代弦论的另一个重要组成部分是同样在 20 世纪 70 年代构建的超对称性. 它是一种数学方案, 允许我们将玻色子和费米子纳入由对称超群混合的多重态中. 在经典水平上, 这涉及微分几何、代数几何、李群理论和微积分的令人兴奋的扩展, 方法是引入表示费米子半整数自旋的反交换坐标. 具有这种费米子坐标的弦称为超弦. 从某种意义上说, 超对称性蕴含了广义协变性, 因此需要与引力统一.

超弦的量子理论在 10 维时空中是自洽的. 因为这仍然与我们的四维世界相距甚远, 所以人们建议, 作为对卡卢扎 (Kaluza) – 克莱因 (Klein) 早先思想的复兴, 应该在普朗克尺度上将六个维度进一步紧化. 更具体地说, 我们的时空大概具有 $M^4 \times K^6$ 的乘积结构, 其中 M^4 是狭义相对论中的闵可夫斯基空间, 而 K^6 是直径约为 10^{-33} cm 的紧致的黎曼空间, 在所有实际目的下, 它都可看成一个点. 在理论上 [16], 威腾及其合作者提出 (在真空态下) K^6 是具有复杂拓扑结构的卡拉比 (Calabi) – 丘 (Yau) 复流形, 它是造成宇宙的奇特特性——物质的基本成分, 即轻子和夸克, 共存三代或四代——的原因.

80 年代初, 格林 (Green) 和施瓦茨发现自洽的量子化的要求 (所谓的反常消除) 也对超弦论的可能规范群提出了严格的限制. 现在看来, 称为 $E_8 \times E_8$ 异色超弦的这种特定的超弦模型最终可能成为 "万物理论". 这是巨大的物理学期望.

从数学上看, (超) 弦论也同样有趣. 正如年轻的莫斯科物理学家克尼兹尼克 (Knizhnik) 所说, 相互作用的统一是通过思想上的统一来实现的. 研究弦论的各个方面的物理学论文现在充满了同伦群、卡茨 (Kac) – 穆迪 (Moody) 代数、模空间、霍奇 (Hodge) 数、雅可比 (Jacobi) – 麦克唐纳 (Macdonald) 恒等式和模形式. 试图在看似完全不同的结构和技术的混合中找到自己的方法的研究人员很快发现: 物理学家的直觉通常会超越纯粹的数学方法.

对于作者来说, 这是一段充满挑战和富有趣味的经历.

一些物理

在继续推进数学方案之前, 让我更系统地综述一下现代量子场论的物理内容.

在 20 世纪 20 年代, 基础物理学由四大主要理论组成: 电磁学、广义相对论 (即引力理论)、量子力学和统计物理学. 大致而言, 前三者涉及 "基础" 现象, 而第四个则研究 "集体" 现象及其一般规律.

基本现象的标度由四个基本常数定义: e (电子电荷)、G (牛顿常数)、c (光速) 和 $\hbar$ (普朗克常数). 由它们生成的量纲与由三个经典物理观测值 (质量、长度、时间) 生成的量纲本质上一致. 换言之, 从 G、c、$\hbar$ 出发, 可以定义 "自然" 或普朗克单位:

$$M_{\mathrm{Pl}} = (\hbar c G^{-1})^{\frac{1}{2}} \sim 10^{-5} \text{ g},$$

$$l_{\mathrm{Pl}} = \hbar M_{\mathrm{Pl}}^{-1} c^{-1} \sim 10^{-33} \text{ cm},$$

$$t_{\mathrm{Pl}} = l_{\mathrm{Pl}} c^{-1} \sim 10^{-43} \text{ s}.$$

问题在于, 我们不知道普朗克尺度下的基本物理过程. 实际上, 利用现代加速器, 我们只能探测到最小尺度为 10^{-16} cm 和 10^{-26} s 的时空. 另一方面, M_{Pl} 是直径约 0.2 mm 的宏观水滴的质量, 而在我们的世界中并不存在如此大质量的基本粒子.

长期以来, 这三种基本理论的不相容性被认为是需要把它们统一起来的更深层次的理论 —— 简称为 $(G, c, \hbar)$ 理论 —— 的证据. 实际上, 已经发现了这个理论的两个近似: 广义相对论 (可视为 (G, c) 理论) 和量子电动力学 (即 $(c, \hbar)$ 理论). 迄今为止, 还没有人成功发展出一致的 $(G, \hbar)$ 理论, 即量子引力. 在 20 世纪, 物理学的实际历史遵循了另一条路线: 自发现放射性并随后建造第一个加速器以来, 基本粒子和基本力的清单越来越长, 并且几代物理学家在量子场论上做出了巨大的努力, 其发展解释了观察到的现象的多样性.

在 20 世纪 60 年代, 我们不得不满足于以下图景. 物质粒子有几种, 它们看起来是点状的, 即没有可辨认的内部结构. 稳定物质由夸克和电子组成; 所有物质粒子都是费米子, 也就是说, 它们服从费米统计并且自旋为 1/2. 也有四个与基本力对应的量子: 光子 (电磁力)、胶子 (强力)、矢量介子 (弱力) 和引力子 (引力). 它们是玻色子, 即服从玻色–爱因斯坦统计并具有自旋 1 (引力子的自旋为 2).

尽管基本粒子是点状的, 但它们确实包含内部自由度. 从数学上讲, 这意味着在一次量子化图像中, 夸克的波函数不是时空的标量函数, 而是 G 主丛的配矢量丛的截面, 其中 G 是一个李群, 称为规范群. (理想情况下, G 的选择应该受自然界基本定律的支配, 但在 20 世纪 60 年代的实践中, 它取决于模型). 类似地, 对应于基本力的量子波动函数是相应向量丛上的联络, 即描述内部状态向量沿时空路径平行移动的矩阵值微分形式. 这种 (二次量子化的) 理论通常称为杨 – 米尔斯理论.

这个时代的最高成就是 (而且现在仍然是) 所谓的标准模型, 该模型描述了规范群为 $SU(3) \times SU(2) \times U(1)$ 的杨 – 米尔斯场描述的电弱相互作用和强相互作用, 以及基于包含 $SU(3) \times SU(2) \times U(1)$ 的某个大群 (最好是简单的) G 的大统一的几个课题, 这个大群应该是更高能下基础理论的一个对称群, 它被低能下的某种机制打破, 从而导致了当今物理学中的有效拉格朗日量.

在所有这些进展中, 引力可以被忽略, 因为基本粒子之间的引力相互作用比电磁相互作用弱很多个数量级 (这是普朗克质量非常大的另一种说法). 实际上, 我们宇宙的整体物理图像是由各种不同尺度下的不同力所决定的. 在约 10^{-13} cm 的尺度下, 夸克被强力束缚成质子和中子. 原子核由受残余力约束的质子和中子组成. 短距离的强相互作用在原子尺度上消失, 而电磁相互作用则将电子和原子核结合成中性原子. 电磁相互作用是远距离的, 比引力强得多, 但是由于某些原因, 在大块物质中 (如恒星和行星中) 存在的正负两种电荷非常精确地相互抵消. 相比之下, 引力荷 (即质量) 永远不会抵消——它们只会相加, 因此在天文尺度上, 引力成为主要的力. 剩余的电磁力以光和无线电波的形式, 为如我们一样的生物提供了能量和信息来源.

(尺度的层级结构, 反映在物理理论的层级结构中, 这是我们对自然的现代理解的一个非常典型的特征. 未来的任何统一理论都必须对此进行解释.)

因此, 所有观察到的引力效应实际上都是集体效应. 仅在充分激发的物质下, 例如, 如果基本粒子被加速到能量约为 $M_{\text{Pl}} c^2$ —— 这远远超出实验装置的任何可以想象到的范围—— 它们才可以在基本相互作用的水平上被辨别. 但是, 这种条件在最早期的宇宙中就已经存在, 而在这些极端状态下的物理学可能决定了它在宇宙学规模上的命运.

现在让我们在这种背景下重新考虑弦论模型的某些特性.

它们的第一个引人注目的特性是在普朗克尺度上预测时空的确定维度: 玻色弦为 26 维; 超弦为 10 维. 强子对偶模型中这种困难的来源现在成为该理论的主要预测之一. 然而, 它不能被直接测试, 并且给出了如何解释在低能量下, 世界在表面上是四维的问题. 非常宽松地讲, 可以想象 $26 - 10 = 16$ 维以某种方式 "共同地" 容纳基本粒子的内部自由度 (16 是规范群 $E_8 \times E_8$ 和

$SO(32)$ 的秩), 而其余 $10 - 4 = 6$ 个维度在宇宙演化的早期以 "普朗克" 尺度 "自发地" 被压缩.

在下文中, 我们将对这些临界维数 26 和 10 的数学起源进行更多的说明. 在此处只需提及, 它们的出现是纯粹的量子理论效应.

弦论模型的第二个特性是, 它在低能近似下的有效拉格朗日量统一了包括引力在内的四种已知力, 它完全丰富了整个理论.

它的第三个特性是对可能的大统一规范群的预测 (对其给出了非常严格的约束). 它可能是 $E_8 \times E_8$, 其中一个因子对应通常的物质, 而另一个因子则对应所谓的 "暗物质", 它仅通过引力与通常物质相互作用. 其第四个特性是将超对称性纳入基础物理学的框架.

必须补充说, 这样的理论实际上还不存在. 这是一幅理想中的图画, 如同一幅拼图, 其中一些碎片奇妙地找到了自己的位置, 而另一些碎片仍然是挑战.

此外, 也许在未来的某一天, 以上所有这些可能会被证明只是一厢情愿的想法——作为物理学. 幸运的是, 相比之下, 与之对应的数学并不那么容易消逝.

量子场论的数学结构

在下面几页中, 我将尝试阐明一些基本物理的数学结构, 并强调弦论模型的特殊性质.

a. 虚拟的经典路径和作用量

物理系统的模型始于对 "虚拟的经典路径" 的集合 $\mathfrak{P}$ 和作用量泛函 $S : \mathfrak{P} \to R$ 的描述. 一般来说, $\mathfrak{P}$ 是一个函数空间, 例如流形 $f : M \to N$ 的映射空间, 或此类空间的乘积. 映射可能会受到某些边界条件的约束; N 可以是 M 上的丛, $\mathfrak{P}$ 可以由该丛的各个截面组成, 等等. 通常, M 和/或 N 是 (伪) 黎曼流形 (具有固定或可变的度量), 而 S 是 M 或 N 上的体积形式. 例如:

广义相对论: M 是取定的四维 C^∞ 流形, $\mathfrak{P}$ 是 M 上的洛伦兹度量 $g = g_{ab}dx^a dx^b$ 的空间 (即, 带有正性条件的 $S^2(TM) \to M$ 的截面),

$$S(M,g) = -(16\pi G)^{-1} \int_M R\,\mathrm{vol}_g \quad \text{(希尔伯特 – 爱因斯坦作用量)}, \quad (1)$$

其中 G 是牛顿常数, R 是里奇 (Ricci) 曲率, vol_g 是 g 对应的体积形式.

有质量粒子在时空 (M, g) 中传播: 这里 $\mathfrak{P}$ 是所有映射 $\gamma : [0,1] \to M$ 的

集合,

$$S(\gamma) = -m \int_0^1 ds, \tag{2}$$

其中 m 是质量, $ds^2 = \gamma^*(g)$, 为诱导度量. [0,1] 的像是粒子的虚拟世界线.

弦在时空 (M, g) 中传播: 这里 $\mathfrak{P}$ 是所有映射 $\sigma : N \to M$ 的集合, 其中 N 是一个曲面, 其图像是弦的世界面,

$$S(\sigma) = -\frac{T}{2} \int_N \mathrm{vol}_{\sigma^*(g)} \quad (\text{南部 (Nambu) 作用量}), \tag{3}$$

其中 T 是量纲为 (长度)$^{-2}$ 的所谓 "弦张力"(string tension), 而 $\sigma^*(g)$ 是诱导度量.

我们将始终以长度单位度量时间, 以普朗克单位度量作用量 (或者, 以物理学家的语言, 令 $\hbar = c = 1$).

b. 经典的运动方程

它们是 S 的稳定点的方程: $\delta S = 0$. 寻找其解或探究其定性性质是经典数学物理学的主要任务.

c. 量子期望值和配分函数

它们由以下形式表达式 (费曼积分) 给出:

$$\langle O \rangle = Z^{-1} \int_{\mathfrak{P}} O(p) e^{iS(p)} Dp, \tag{4}$$

$$Z = \int_{\mathfrak{P}} e^{iS(p)} Dp, \tag{5}$$

其中 $O : \mathfrak{P} \to R$ 是某个可观测量, 而 Dp 是 $\mathfrak{P}$ 上的形式度量.

量子场论中的大多数问题, 都可看作为某些费曼路径积分寻找正确的定义和计算方法的问题. 从数学家的观点来看, 几乎所有这样的计算实际上都是未完成的和临时的定义, 但是在这个领域中必须准备好使用 (4) 和 (5) 这样的先验的和未定义的表达式进行启发式的推导.

我们可以从几个标准的技巧开始. 首先, 人们倾向于使用 (4)、(5) 的所谓 "欧几里得" 版本, 其中 $e^{iS(p)}$ 变成 $e^{-S(p)}$. 除了 "更好的收敛性" (不论这意味着什么) 之外, 在 (D 维空间, 1 维时间) 上的量子场论与在 $D+1$ 维空间中的统计物理学之间建立了基本的类比, 使我们能够使用丰富的技术工具和对集体现象的洞察. 第二, 尝试减少 (4)、(5) 使用群不变性和/或逼近来获得有限维积分. 第三, 尝试将 (4)、(5) 简化为高斯积分——无穷维积分中唯一被发展起来的理论——例如, 合适的摄动级数.

例如, 以下是经典和量子运动定律之间对应关系的标准启发式解释. 为

简单起见, 假设 (在给定的边界条件下) 方程 $\delta S = 0$ 只有一个解 $p = p_0$. 与有限维情况类似, 并假设稳定相位近似是有效的, 即, 量子期望值 $\langle O \rangle = \int_{\mathfrak{P}} O(p)e^{iS(p)}Dp$ 在相差一个通有 (universal) 因子和很小误差的意义上与 $O(p_0)$ 一致. 这意味着量子的可观测量实际上在经典路径上具有其经典值.

稳定相位近似有效的必要条件是 $S = \mathcal{S}/\hbar$ 在 $\mathfrak{P}$ 处较大. 这与早期量子理论的发现一致: 经典物理对应于 $\hbar \to 0$.

当路径积分的计算成功时, 它涉及一个或多个极限, 这些过程不同于阿基米德 – 牛顿 – 勒贝格规定的无穷小无穷累加的规定. 实际上, 这种计算通常给出一个有限值, 作为两个 (或多个) 无穷大值的差或商.

我相信这一观察中有一个信息. 我们所意识到的每个现实层次只是在无限深的海洋表面上的脆弱泡沫, 这个海洋通常称为真空状态. 它是最低能量的态, 但是它的能量是无限的. 我们被永恒之火的薄膜所分隔, 而永恒之火的第一个火舌是核时代的烈焰. 成熟的弦论会启动对异教徒的新火刑 (Auto-da-Fé) 吗?

回到数学, 有时在具体模型中, 会发生显然的无限量不会减少到有限数量的情况. 一个著名的例子是爱因斯坦引力理论 (1), 它因此被称为不可重整化. 只有扩展到更大的图像 (希望是弦论的图像) 之后, 引力才会变得有限.

如果一种理论是可重整化的 (或者, 甚至像超对称模型一样, 是有限的), 则通过参考实验数据 (各种荷和耦合常数的值) 可以解决选择 "无限大常数" 的不确定性. 在理想情况下, 这种状况不应该被允许出现: 一个完美的理论必须预言所有事情.

d. 算符方法

前面我们已经描述了拉格朗日形式的量子化方法. 还有一种替代方法, 在各种上下文中, 它可被称为哈密顿形式的、正则量子化或算子式的. 在它们之间可以建立足够紧密的连接的情况下, 它采用以下形式.

在经典运动方程 $\delta S = 0$ 的解 P 的空间上, 存在自然的泊松结构, 即 P 上泛函空间 F 上的李括号. 例如, 在经典力学中, 经典路径空间上的经典运动是由位置和动量的初始值定义的, 因此可以用相空间来标识路径 P. 相应的泊松结构由众所周知的辛形式定义. (这个基本的例子中, P 为边界值构成的适当的空间, 在弦论中人们经常这样做.)

希尔伯特空间 H 中 F 的子代数的酉表示定义了该系统的算子式的量子描述. 当然, 这种表示很少是唯一的, 并且这种非唯一性对应于路径积分的不确定性. 所谓的 "几何量子化", 是在 P 上的函数、或在 P 上的丛的截面中、或在适当的上同调类中构造其表示.

通过路径积分计算出的可观察到的 $O \in F$ 的期望值$\langle O \rangle$ 应该与由表示 ρ 定义的 $\langle \text{vac}|\rho(O)|\text{vac} \rangle$ (或 $\langle \psi|\rho(O)|\phi \rangle$, 对于适当的状态向量 $\text{vac}, \psi, \phi \in H$) 的算子期望值一致. 为了使这一点有意义, 应该确保 O 的性质使得可以将其视为对 $\mathfrak{P}$ 的泛函, 该泛函是由它在 $P \subset \mathfrak{P}$ 上的限制唯一定义的. 一个例子是 O 的局部性, 这意味着 O 仅取决于它在 $p \in \mathfrak{P}$ 处的值及其在时空点的某些导数.

通常, 路径积分量子化和算子量子化应该被认为是互补的, 而不是严格等价的. 这种互补性是从经典力学继承而来的, 以薛定谔力学和海森伯力学的方式在量子力学中重新出现, 并随后以各种形式出现; 它主导了量子场论.

在弦论中, 以上两种方法的比较对以下两件事情的联系提出了有趣的问题: 一件事是在泰希米勒 (Teichmüller) 空间上的模形式与向量丛的模空间之间的联系; 另一件事则是维拉索罗 (Virasoro) 代数、卡茨–穆迪代数和类似的李代数的表示理论. 在量子场论在此数学领域中出现之前, 亏格为 1 的模形式作为关于表示特征的级数出现, 甚至连这件事情看起来也仍然是个谜.

e. 对称性

基本结构 $(\mathfrak{P}, S)$ 通常由 $\mathfrak{P}$ 上保持 S 不变的群 G 作用来补充 (或者, 无穷小地, 由李代数 $\mathfrak{A}$ 的作用, 在无限维情况下, 它可能是不可积的). 此类图像的数学侧面可能有多种物理解释, 我们会提到其中的几种.

平直时空的经典对称性作用在 $\mathfrak{P}$ 上, 给出了能量–动量算符. 关于守恒定律的诺特定理反映在矩映射 $\mu : P \to \mathfrak{A}^*$ 的结构中, 其中 P 是具有不变辛结构的经典运动的空间.

杨–米尔斯场论中的局部规范对称性和广义相对论的时空微分同胚导致了物理上无法区分的状态. 因此在这种情况下, 实际上应该将 $\mathfrak{P}/G$ 称为虚拟路径的空间, 选择各种 G 不变子空间作为量子态的空间, 诸如此类. 弦论也给出了这种现象.

由于正则化方案中的不确定性, 路径积分 (或算符) 量子化可能会破坏该图像的经典 G 不变性.

精确地描述因此发生的不变性破坏, 是反常理论的主题. 近年来, 很明显, 反常理论的一个基本方面反映了 G 的同调性质. 量子反常的消失被认为是量子模型一致性的元理论上的重要标准. 正是这种消失导致了临界维数和首选规范群 (preferred gauge group) 的发现.

最后, 应该对共形群说几句话. 它是时空或弦的世界面的度量的局部重标度构成的群: $g_{ab} \to e^f g_{ab}$. 物理模型的共形不变性表示某个自然标度不存在

(长度、质量或能量). 在统计物理学的背景下, 这发生在相变点附近. 如果路径积分收敛, 那么在这样的临界区域中, 其格点近似也有类似行为. 可以猜想: 基本物理学受共形不变的定律支配. 无论如何, 共形不变性在弦论中起着至关重要的作用.

f. 对应原则

从历史上看, 对应原理是从量子定律派生出经典物理学定律的、被宽松地陈述出来的规则. 现代基础物理学是理论或模型的综合体, 每种理论或模型都可以在适当的尺度上应用, 或者是更为充分但又过于复杂的理论的简化版本. 将这些模型在其有效范围的外围部分进行修补的所有非正式规则, 都可以被合理地称为对应原则; 这就是各种对称性破缺和自发紧化.

如果就像我相信的那样, 物理学的这种开放性是它的本质特征, 那么对应原则本身的地位可能会提高, 并且最终会被视为过渡礼仪 (rites de passage) 般在过渡时期起作用的物理定律. 例如, 26、10 和 4 可能是在创世 (the Creation) 后的前 $10^{-?}$ s 内从无限维量子混沌形成我们的时空的连续步骤.

玻色弦的波利亚科夫 (Polyakov) 配分函数

现在让我用一些具体的数学来补充上一节的方案. 我将从广阔的领域中选择一个代表性的片段, 即波利亚科夫玻色弦的 (微扰) 配分函数 (5) 的计算. 其形式描述为:

$$Z = \sum_{g \geqslant 0} Z_g,$$

$$Z_g = e^{\beta(2-2g)} \int_{\mathfrak{P}_g} e^{-S_g(x,\gamma)} Dx D\gamma, \tag{6}$$

$$S_g(x,\gamma) = \int_{N_g} e\gamma^{ab}\partial_a x^m \partial_b x^m \mathrm{vol}_\gamma, \tag{7}$$

这里 N_g 是取定的亏格为 g 的紧致定向曲面, $\mathfrak{P}_g = \mathrm{Map}(N_g, \mathbb{R}^d) \times \mathrm{Met} N_g$, 其中映射 $x: N_g \to \mathbb{R}^d$ 由 N_g 上的 d 个实值映射给出, 而 $\gamma \in \mathrm{Met}\, N_g$ 是用 N_g 上的局部坐标 (z_1, z_2) 写出的度量 $\gamma_{ab}dz^a dz^b$, $\partial_a = \partial/\partial z_a$. 最后, β 是一个常值的 "温度倒数", 在此处我们不需关注.

非形式地, 应该想象这个模型中虚拟经典路径的空间 $\mathfrak{P}$ 由欧几里得时空 $\mathbb{R}^d$ 中所有紧致的参数化黎曼曲面组成. 波利亚科夫作用量 (7) 不同于南部作用量 (3)——它也与内蕴度量 γ 有关, 而 (3) 仅由诱导度量确定. 然而, (3) 和 (7) 给出相同的经典运动方程 $\delta S = 0$, 表示所讨论的曲面是极小的.

不同的解释是对二维时空 N 上的量子场论的解释. 从这个观点出发, 作用量 (7) 描述了与引力 γ 耦合的 d 个标量场 x^m.

无论是弦论还是量子引力, 原则问题都是对各种拓扑的正确解释. 在这里, 根据简单的想法, 我们通过将所有亏格 g 求和进行计算. 这给了式 (6) 以微扰理论的味道.

现在我们将固定 g 并尝试理解路径积分(6). 为了做到这一点, 我们从以下注释开始, 即固定 γ 后对 x 的积分是高斯积分. 此外, 我们发现无穷维群 $G = C \times D$ 作用于 $\mathfrak{P}_g$, 而保持 S_g 不变. 即, 它是 N 的微分同胚群 D 和 γ 的标度变换的共形群 C 的半直积. 由此, 我们可以尝试将 (6) 简化为有限维积分. 让我们继续.

高斯积分导出公式

$$\int_{\mathbb{R}^n} \exp(-1/2(X^n, AX^n))DX^n = (2\pi)^{n/2}(\det A)^{-1/2} \tag{8}$$

的无穷维类比, 其中 $DX^n = dx^1 \cdots dx^n$, 而 A 是 $\mathbb{R}^n$ 上的一个正定对称算子. 在 γ 取定的情况下, 类比地, 我们有

$$\int_{\text{Map}(N_g, \mathbb{R}^d)} \exp(-S_g(x, \gamma))Dx = (\det' \Delta_{0\gamma})^{-d/2}, \tag{9}$$

其中 $\Delta_{0\gamma}$ 是作用在 N 上标量函数上的 γ 的拉普拉斯算子, 而 $\det' \Delta_{0\gamma}$ 表示其正则化的行列式定义, 例如, 通过 ζ 函数正则化: 如果 λ_i 是 $\Delta_{0\gamma}$ 的非零特征值, 则定义

$$\zeta(s) = \sum \lambda_i^{-s}, \text{ 对于 } \text{Re} \, s \gg 0,$$

证明此函数对整个复平面有亚纯延拓, 在 $s = 0$ 处正规 (regular), 最后令

$$\det' \Delta_{0\gamma} = \exp(-\zeta'(0)). \tag{10}$$

尝试解开隐含在 (9) 和 (10) 中的极限过程, 我们得到了一些教益. 首先, (9) 中的形式度量 $\exp(-S_g(x, \gamma))Dx$ 看起来像是式

$$\mu_n = (2\pi)^{-n/2}\exp(-1/2(X^n, AX^n))DX^n$$

的极限 (或者, 更准确地说, $\prod_1^d \mu_n$). 因此, Dx 本身不具有内在的含义, 因此这个形式符号包含误导性. 其次, $(2\pi)^{n/2}$ 提供了 (当 $n \to \infty$ 时) 最简单的 “无限大常数” 的简单示例, 物理学家往往用 “微分同胚群体积” 之类的流行术语将其处理掉. 第三, 椭圆算子的行列式通过式 (10) 的正则化, 还包括另一个除以无限常数的运算, 因为式 (10) 的右侧本质上是乘积 $\prod(\lambda_i/\lambda_i^0)$, 其中 λ_i^0 是

较方便地选择的固定的拉普拉斯算子的特征值.

此处最后一个技巧是打破 (6) 的共形不变性. 实际上, 如果将式 (9) 代入式 (6) 并 (忘记 β) 尝试定义

$$Z_g = \int_{\mathrm{Met}\, N_g} (\det{}'\Delta_{0\gamma})^{-d/2} D\gamma, \tag{11}$$

我们发现 γ 的标度变换会改变度量. 为了使其更加精确, 我们当然必须对 $D\gamma$ 的含义提出一些解释. 显然, 在 N_g 上光滑的二次微分形式空间中, $\mathrm{Met}N_g$ 是一个锥. 因此, 可以将此空间与在任意给定点 γ_0 处通过 $\mathrm{Met}N_g$ 的切空间等同起来. 我们可以使用 γ_0 和 N_g 上的积分在该切空间上定义度量. 然后, 我们可以想象该度量定义了一种类似于 (9) 中的由 Dx 表示的度量. 尽管我们非常有说服力地争辩说这样的度量不存在, 但我们仍可以在对 γ 做一个小的标度变换后, 去计算它会对式 (11) 做什么.

因此, 我们发现式 (11) 的共形变换看起来是怎样的: 它是 $(26 - d)$ 乘以某物.

因此, 如果维数 $d = 26$, 则意味着式 (11) 中的度量相对于群 $C \times D$ 是不变的.

现在终幕到来了. 其中关键是 $C \times D \setminus \mathrm{Met}N_g = M_g$ 是有限维 ($g = 0$ 时为 0, $g = 1$ 时为 2, $g \geqslant 2$ 时为 $6g - 6$) 的空间. 它是著名的黎曼模空间. 要理解这一点, 请记住以下事实: a) 在定向曲面上, 给出度量的共形类与给出复结构等价; b) 只有三个连通的且单连通的复黎曼曲面——复平面、复半平面和黎曼球面; c) 任何复黎曼曲面都是其万有复叠空间在其基本群的自由作用下的商空间. 因此, 在 $g \geqslant 2$ 的情况下在 $C \times D \setminus \mathrm{Met}N_g$ 中给出一个点, 实际上就是在 $PSL(2, \mathbb{R})$ 中定义 $\pi_1(N_g)$ 的表示. (对于 $g = 0, 1$, 情况更简单.)

要了解从式 (11) 到有限维积分的过渡, 请看下面的模型问题. 设连通李群 G 作用于黎曼流形 $(\tilde{M}, \tilde{h})$, 并保持度量 $\tilde{h}$ 不变. 令 $M = G \setminus \tilde{M}$ 且 h 为 M 上的诱导度量. 如果上述对象都是紧致的, 我们有 $\int_{\tilde{M}} \mathrm{vol}_{\tilde{h}} = \mathrm{vol}(H) \int_M \mathrm{vol}_h$, 其中 H 是 $\tilde{M}$ 中一个点的稳定子, 而 $\mathrm{vol}(H)$ 是 H 在某个 G 不变度量下的体积.

使用该公式的右边作为定义, 其中 $\tilde{M} = \mathrm{Met}N_g$, $G = C \times D_0$, $D_0 = D$ 的含单位元的连通分支, $M = T_g$ 即 M_g 的泰希米勒覆盖, 我们最终可以将式 (11) 表示为在 $d\pi_g$ 的有限尺寸体积形式的 T_g (或 M_g) 上的积分.

例如, 对于 $g = 1$, 我们得到以下结果:

$$Z_1 = \int_{M_1'} i/2 \, d\tau \wedge d\bar{\tau} (\mathrm{Im}\tau)^{-14} |\Delta(\tau)|^{-2},$$

$$\Delta(\tau) = e^{2\pi i \tau} \prod_{n=1}^{\infty} (1 - e^{2\pi i \tau})^{24},$$

$$M_1' = \left\{ \tau \in \mathbb{C} \mid |\tau| \geqslant 1, \, |\mathrm{Re}\,\tau| \leqslant 1/2, \, \mathrm{Im}\,\tau > 0 \right\}.$$

最近, 别拉温 (Belavin) 和克尼兹尼克证明, 通常 $d\pi_g$ 等于 M_g (这是一个复轨形) 上的全纯体积形式的模平方. 这个体积形式在一个常数意义上被唯一确定, 并且随后已计算出关于它的大概更加明确的表达式.

当然, 这个领域的大多数进展在数学上都只是启发式的. 一旦获得确定的结果 (在本例中为对 M_g 上的度量的标识), 就可以完全忘记这些启发式方法, 并且只能使用已被安全接受的工具来工作. 但是在如今, 这种态度却会适得其反. 量子场论, 尤其是量子弦论, 因其提供了丰富的直观推理而引人入胜.

阅读建议

对于数学家来说, 进入弦论并非易事. 最近有两篇出版物可能会帮助他或她获得一个普遍的观点并选择一个特定的主题进行更深入的研究: 专著课本 [1] 和选集 [2].

两次 ICM Berkeley 演讲 [3] 和 [4] 至少部分地论述了弦论. 如果存在的话, 威滕的演讲是对量子场论的美好开端.

别拉温和克尼兹尼克的发现 [5] 以及奎伦 (Quillen) 和法尔廷斯 (Faltings) 先前的工作导致行列式丛理论 (determinant bundle) [6] – [10] 取得了重要进展, 推广了格罗滕迪克 (Grothendieck) 的黎曼–罗赫 (Roch) 定理. 在这个领域还有很多工作要做, 这同时也是算术几何 [11]"在无穷远处的分支"[12].

希望最终可以通过西格尔 (Siegel)–玉川 (Tamagawa)–韦伊 (Weil) 理论的某个版本, 以算术项重新解释弦论的路径积分. 沙巴特 (Shabat) 和沃沃斯基 (Voevodsky) 最近的一项优美的结果借鉴了格罗滕迪克和别雷 (Bely) 的先前工作, 它表明弦论中的自然的格逼近本质上是算术的 (参见 [13]).

有关弦论中包含的丰富的表示理论部分, 请参见 [15]、[16]、[10], 以及 [1] 和 [2] 中的许多页面.

参考文献

[1]　M. B. Green, J. H. Schwarz, and E. Witten, "Superstring theory",

in 2 vols. Cambridge University Press (1987).

[2] J. H. Schwarz, ed., "Superstrings. The first fifteen years of super-string theory", in 2 vols. Singapore: World Scientific (1986).

[3] E. Witten, "Physics and geometry", Berkeley ICM talk (1986).

[4] Yu. I. Manin, "Quantum strings and algebraic curves", Berkeley ICM talk (1986).

[5] A. A. Belavin and V. G. Knizhnik, "Algebraic geometry and the geometry of quantum strings", Phys. Lett. 168B (1986), 201–206.

[6] D. S. Freed, "Determinants, torsion, and strings", Preprint MIT (1986).

[7] J.-M. Bismut, H. Gillet and C. Soulé, "Analytic torsion and holomorphic determinant bundles", Preprint Orsay 87-T8 (1987).

[8] P. Deligne, "Le déterminant de la cohomologie", Preprint Princeton (1987).

[9] A. A. Beilinson and Yu. I. Manin, "The Mumford form and the Polyakov measure in string theory", Comm. Math. Phys. 107 (1986), 359–376.

[10] A. A. Beilinson and V. V. Schechtman, "Determinant bundles and Virasoro algebras", Submitted to Comm. Math. Phys. (1987).

[11] G. Faltings, "Calculus on arithmetic surfaces", Ann. of Math. 118 (1984), 387–424.

[12] Yu. I. Manin, "New dimensions in geometry", in: Springer Lecture Notes in Math. 1111 (1985), 59–101.

[13] V. A. Voevodsky and G. B. Shabat, "Equilateral triangulations of Riemann surfaces and curves over algebraic number fields", Preprint (1987).

[14] D. V. Boulatov, V. A. Kazakov, I. K. Kostov and A. A. Migdal, "Analytical and numerical study of dynamically triangulated surfaces", Nucl. Phys. B275 (1986), 641–686.

[15] G. B. Segal, "Unitary representations of some infinite dimensional groups", Comm. Math. Phys. 80 (1986), 301–342.

[16] B. Feigin and B. Fuchs, "Representations of the Virasoro algebra", in: Seminar on supermanifolds, 5 (D. Leites, ed.), Rep. of Dept. of Math., Stockholm Univ., N 25 (1986).

[17] P. Candelas, G. Horowitz, A. Strominger and E. Witten, "Vacuum configurations for superstrings", Nucl. Phys. B258 (1985), 46 – 90.

人名索引

名词索引

守恒律, 82, 90

寿命, 49, 82, 121

衰变, 106, 120

水星 (近日点) 进动, 67

思想实验, 66

斯佩里大脑分裂实验, 66

斯特恩–格拉赫实验, 92

算符, 57

索尔维会议, 65, 66

T

拓扑自由度, 115

特征向量, 58, 101

特征值, 99

同位旋, 20, 94, 100, 101

W

外部电流, 62

外乘积, 96

弯曲时空, 94

万有复叠空间, 165

威尔逊云室, 21

微分同胚群, 164

微分形式, 158

微扰理论, 29, 33, 117

维恩公式, 18

维数正则化/维数正规化, 113

味道, 100, 114

温伯格角, 92, 121

无穷小生成元, 90, 99

无穷小旋转, 101

物质的不稳定性, 74

X

希尔伯特–爱因斯坦作用量, 159

希尔伯特空间, 48, 57, 92

希格斯玻色子, 73, 84

希格斯场, 32, 118, 119

希格斯机制, 73

希格斯区, 27, 50

希腊学者, 44

西格尔–玉川–韦伊理论, 166

纤维, 115

纤维丛, 115

弦, 155

弦振动, 53

相对论性波函数, 63

相对论运动学, 93

相互作用, 113, 114

相互作用拉格朗日量, 117

相空间, 89, 107, 111

相位, 103

相位体积, 108

相位因子, 92

向量玻色子, 115

向量丛, 114

协变导数, 116

谐振子, 55, 56, 58–60, 89, 109

辛几何, 89

辛结构, 162

辛形式, 161

虚粒子, 113, 118

旋量场, 116

旋转群, 73

薛定谔表象, 58

薛定谔方程, 26, 63, 64

学科矩阵, 46

Y

湮灭算符, 61, 103, 110

颜色, 95, 98, 105, 114

赝标量, 21

杨–米尔斯场, 60, 112, 156, 158, 162

杨–米尔斯场论, 22

杨–米尔斯拉格朗日量, 117

伊壁鸠鲁派, 24

《数学概览》(Panorama of Mathematics)

(主编: 严加安　季理真)

1. Klein 数学讲座 (2013)
(F. 克莱因 著/陈光还、徐佩 译)

2. Littlewood 数学随笔集 (2014)
(J.E. 李特尔伍德 著, B. 博罗巴斯 编/李培廉 译)

3. 直观几何 (上册) (2013)
(D. 希尔伯特, S. 康福森 著/王联芳 译, 江泽涵 校)

4. 直观几何 (下册) 附亚历山德罗夫的《拓扑学基本概念》(2013)
(D. 希尔伯特, S. 康福森 著/王联芳、齐民友 译)

5. 惠更斯与巴罗, 牛顿与胡克:
数学分析与突变理论的起步, 从渐伸线到准晶体 (2013)
(В.И. 阿诺尔德 著/李培廉 译)

6. 生命: 艺术. 几何 (2014)
(M. 吉卡 著/盛立人 译, 张小萍、刘建元 校)

7. 关于概率的哲学随笔 (2013)
(P.-S. 拉普拉斯 著/龚光鲁、钱敏平 译)

8. 代数基本概念 (2014)
(I.R. 沙法列维奇 著/李福安 译)

9. 圆与球 (2015)
(W. 布拉施克 著/苏步青 译)

10.1. 数学的世界 I (2015)
(J.R. 纽曼 编/王善平、李璐 译)

10.2. 数学的世界 II (2016)
(J.R. 纽曼 编/李文林 等 译)

10.3. 数学的世界 III (2015)
(J.R. 纽曼 编/王耀东、李文林、袁向东、冯绪宁 译)

10.4. 数学的世界 IV (2018)
(J.R. 纽曼 编/王作勤、陈光还 译)

10.5. 数学的世界 V (2018)
(J.R. 纽曼 编/李培廉 译)